位相幾何

位相幾何

佐藤 肇

岩波書店

まえがき

　位相幾何学は，幾何学の1分野である．最も基礎的な，対象の**つながり**だけを調べて，それ以外はすべて目をつぶる学問である．伸びたり，縮んだりさせる変化を全く無視しているので，大ざっぱではあるが，逆に，つながっているか，離れているかということの事実は絶対に逃さない．そして，つながっているか，離れているかということが，世の中でおきる現象の基本を決定するから，その状態を表すことが必要となる．よって，位相幾何学の，数学，あるいは自然科学などの他の分野における言葉としての重要性が，ますます増してきている．

　このような位相幾何学の成書はたくさんあり，良書も数多い．その中で，本書を出版するのは，次のような目的のためである．はじめて数学の1分野を学ぶときに困難を感じるのは，その分野独自の感覚である．その分野での考えの基本的な常識といったものは，学び終えた人にとっては，空気のようなものであるかも知れないが，はじめて学ぶ人は，それを身につけるまでに，多大の時間を要してしまう．そこで，本書では，読者が，位相幾何学のそういった空気を，短い時間で身につけることを目的とする．

　そのための一番よい方法は，意味のある最も簡単な例を，具体的に調べることにあると思う．読者が，数学的対象物を，手の中で確かめ，さわり，その質感をはっきりと自分のものにすることが大事である．本書は，そのためのやさしいマニュアル書である．解説どおりに，ひとつひとつを組み立てていくと，思いもよらない実在が目の前に出現するはずである．

　したがってここでは，議論の対象を，本質的でありながら最も単純な場合に限定し，一般性を犠牲にした．理論の適用範囲をぎりぎりまで広げて，確認のための辞典代わりとして用いられることはあきらめた．その代わりに，なるべく易しい例をあげて，議論のすじみちが見えるようにした．

このような方法で，読者が，いくつかの議論のエッセンスを身につけながら，楽しく読みすすんでくれれば，著者として，それに勝る喜びはない．このたくらみが，成功したか否かは，読者の判断を待つしかない．いろいろご批判を頂ければありがたい．

　本書の基本的な構成は，土屋昭博氏の名古屋大学でのセミナー『物理学者のための実戦トポロジー講座』(1986年)を，山田泰彦氏がノートにとったものに基づいており，その使用を許可され，また執筆中にもいろいろ有益な意見をくれた土屋氏に感謝します．水谷忠良氏，小沢哲也氏，待田芳徳氏，一楽重雄氏は，全章を注意深く読んで多くの間違いを見つけ，さらに，適切な改善案を教示してくれました．ここに，四氏に謝意を表します．また，いろいろお世話になった岩波書店編集部の方に感謝いたします．

　1996年7月

佐　藤　　肇

　本書は，岩波講座『現代数学の基礎』の分冊「位相幾何」(1996年刊)を単行本としたものである．

理論の概要と目標

まえがきで述べたように，位相幾何学は，つながっているか，離れているかという本質的な違いのみを見つけていろいろな図形を分類する，数学の基本分野である．ひっぱったり，縮めたりするようなささいな変化は無視し，図形のつながりだけを問題にする．

ものの長さを表すのは何メートルという数であり，ものの重さを表すのも何グラムという単位のある数である．しかし，図形のつながり具合を表すものを何とすればよいだろうか．1つの単位系で表すことのできる数であろうか．

例えば，図形の穴の数を，1コ，2コと数えるのはひとつの表現であろう．また穴とは何で，穴の数はどのように数えられるものであろうか．実は，それを数学的に説明するのが，この本で紹介するホモトピー群，ホモロジー群，コホモロジー群であり，さらに図形の曲がり具合の程度を表すものが特性類である．直感的に言えば，i次元のホモトピー群は，i次元の"丸い穴"の様子を見ており，i次元のホモロジー群は，i次元の"部屋"の数を調べているということができるであろう．

このような一見とらえどころのない問題設定において，いかに現代数学が，理論を厳密につくりあげ，群(ほとんどが，整数全体の足し算のなす群，または，それを mod で考える巡回群)の言葉で，問題を代数的に整然と表すかを味わってほしい．図形を，つながりのみを基準に分類するという問題で，本書を読む前の君達は，何をイメージできるか．少しの時間，思いを巡らせてみよう．そして，読み終わった後に，今の想像を思い出して比較してほしい．それが，かけはなれていれば，君は，この本を読んで新しい世界を開くことになる．それが，ほとんど想像と違わないのならば，君は，数学的センスが抜群なのだから，自信をもって先に進んでもらいたい．

目次を見れば内容の見当が，(知っている人は)つくだろうが，キーワードは，

  位相同型，ホモトピー同値，トーラス，Möbius の帯，
  閉曲面，Klein のつぼ，セル複体，基本群，
  ホモトピー群，ホモロジー群，コホモロジー群，
  ファイバー束，ベクトル束，スペクトル系列，特性類

などである．これらの用語をどこかで見て，漠然とした興味を感じたことがあるのなら，本書を読み終えた後，それらの定義がちっともむずかしくなく，現代数学の基本的な概念であることが理解できるであろう．これらの用語に縁のなかった君も，どうか，この単語たちの不思議な語感をいぶかり，本書を読みはじめる契機としてもらいたい．

 位相幾何は，いくつかの魅力的な図形が，その理論の特徴的な例となるようにして(意図的ではないのに)，発展し続けてきた．それは，位相幾何のみならず，数学の，あるいは学問全体の必然的な進歩の形態なのかもしれない．

 本書の目標は，このような位相幾何の考え方に慣れ親しむことにある．ホモロジー群，コホモロジー群の導入には，公理系を先に与えるが，読者の感覚的理解のためには，この方法がより良いのではなかろうか．具体的な構成は，単体的ホモロジー群などで，後に与えられる．

 もちろん，位相幾何は，位相空間論を基礎としており，

  砂田利一『曲面の幾何』(岩波書店)，第 2 章

を読了しておれば，読者としては理想的であるが，位相空間論をなにも知らない読者にも理解できるように，直感的な説明を行うことを心がけた．

 また，本書を読むには，群論を知っていることが必要のように思うかもしれないが，本質的には，次の 2 つの群を理解していればよい．

 (1) 整数の足し算，引き算がまた整数になるということ(これを，整数全体 $\mathbb{Z}$ が可換群をなすという)．

 (2) 2 つの整数が素数 p の整数倍の差のとき，同じものとみなす(これを $\mathrm{mod}\, p$ で考えるという)．整数全体を $\mathrm{mod}\, p$ で考えた集合 $\mathbb{Z}_p$ にも，そのま

ま足し算，引き算が定まる(これを，$\mathbb{Z}_p$ が p 次の巡回群をなすという)．

ただひとつ読者に求められる資質は，うわべを飾ったことばにだまされることのない，やわらかなのびやかな感性である．ともあれ，1 章 1 章が，それぞれ友好的な気分で，君達に本質をつかまれることを期待して，装いをととのえて待っている．行動を起こすのは，今の君達である．

記号	意味	ページ
$f_0 \simeq f_1$	ホモトピック	3
$[X, Y]$	ホモトピー集合	4
$X \simeq Y$	ホモトピー同値	4
D^n	n次元球体	9
S^{n-1}	$n-1$次元球面	9
I	閉区間$[0, 1]$	10
$P^n(\mathbb{R})$	n次元実射影空間	11
e^i	iセル	13
$\bar{e}^i$	ふちつきiセル	13
$\pi_n(X, x_0),\ \pi_n(X)$	Xのn次元ホモトピー群	25
$h_p(X)$	Xのp次元ホモロジー群	31
$h_*(X)$	$h_p(X)$の直和$\sum_{p=0}^{\infty} h_p(X)$	31
pt	1点のみの空間	32
$H_p(X; G)$	$h_0(pt) \cong G$のときの$h_p(X)$ (XのG係数p次元ホモロジー群)	32
$H_*(X; G)$	$H_p(X; G)$の直和$\sum_{p=0}^{\infty} H_p(X; G)$	32
CA	Aのコーン	36
$\tilde{h}_*(X)$	Xの簡約ホモロジー群	38
C	チェイン複体	45
$Z_p(C)$	p次元輪体群	45
$B_p(C)$	p次元境界輪体群	45
$\sigma^j \prec \sigma^n$	σ^jはσ^nの境界に属する単体 (σ^jはσ^nと異なるσ^nの面)	48
$\mathcal{S}$	単体的複体	49
$C_q(\mathcal{S}; \mathbb{Z})$	$\mathcal{S}$の$\mathbb{Z}$係数q次元鎖群	52
$H_q(\mathcal{S}; \mathbb{Z})$	$\mathcal{S}$の$\mathbb{Z}$係数q次元ホモロジー群	53
$P^n(\mathbb{C})$	n次元複素射影空間	56

記号	意味	ページ
$h^p(X)$	X の p 次元コホモロジー群	59
$h^*(X)$	$h^p(X)$ の直和 $\sum_{p=0}^{\infty} h^p(X)$	59
δ^p, δ	余境界準同型	60
$C^q(\mathcal{S}; G)$	$\mathcal{S}$ の G 係数 q 次元余鎖群	60
$C^*(\mathcal{S}; G)$	$\mathcal{S}$ の G 係数コチェイン複体	61
$H^q(\mathcal{S}; G)$	$\mathcal{S}$ の G 係数 q 次元コホモロジー群	61
$Z^q(\mathcal{S}; G)$	$\mathcal{S}$ の G 係数 q 次元余輪体群	61
$B^q(\mathcal{S}; G)$	$\mathcal{S}$ の G 係数 q 次元余境界輪体群	61
$G_1 \otimes G_2$	テンソル積	65
$\mathrm{Hom}(G_1, G_2)$	G_1 から G_2 への準同型全体のなす可換群	66
$\mathrm{Tor}(G_1, G_2)$	ねじれ積	66
$\mathrm{Ext}(G_1, G_2)$	G_2 の G_1 による拡大全体のなす可換群	67
$\times$	クロス積	68
$\triangle$	対角線写像	69
$\cup$	カップ積	69
(E, π, B, F) $F \to E \xrightarrow{\pi} B$	ファイバー束	74
E	全空間	74
B	底空間	74
F	ファイバー	74
π	射影	74
$G^{\mathbb{R}}(m, n)$	実 Grassmann 多様体	80
$G^{\mathbb{C}}(m, n)$	複素 Grassmann 多様体	80
$BO(n)$	n 次元実ベクトル束の分類空間	83
$BU(n)$	n 次元複素ベクトル束の分類空間	83
$\mathrm{Lk}(\sigma, \mathcal{S})$	σ の $\mathcal{S}$ におけるからみ複体	106

目　次

まえがき ･････････････････ *v*
理論の概要と目標 ･･･････････ *vii*

第1章　位相同型とホモトピー同値 ････ *1*

§1.1　位相同型 ･･･････････ *2*
§1.2　ホモトピー同値 ･･････ *3*
§1.3　位相空間対 ･････････ *5*
要　約 ･･･････････････ *7*
演習問題 ･････････････ *7*

第2章　さまざまな空間とセル複体 ････ *9*

§2.1　基本的な空間 ･･･････ *9*
§2.2　積空間と商空間 ･････ *10*
§2.3　和空間と接着空間 ･･･ *11*
§2.4　セル複体 ･････････ *13*
要　約 ･･･････････････ *17*
演習問題 ･････････････ *17*

第3章　基本群とホモトピー群 ･･････ *19*

§3.1　ホモトピー集合 ･････ *19*
§3.2　基本群 ･･･････････ *22*
§3.3　ホモトピー群 ･･････ *25*
§3.4　ホモトピー群のホモトピー不変性 ･･･ *27*
要　約 ･･･････････････ *28*

演習問題 ... *29*

第4章　ホモロジー群 ... *31*

§4.1　ホモロジー群 ... *31*

§4.2　ホモロジー群の公理 ... *33*

§4.3　公理からすぐでてくること ... *36*

（a）ホモトピー不変性 ... *36*
（b）商空間のホモロジー ... *36*
（c）簡約ホモロジー群 ... *37*
（d）球面のホモロジー群 ... *39*
（e）3対のホモロジー完全系列 ... *40*

要　約 ... *42*

演習問題 ... *42*

第5章　セル複体のホモロジー群 ... *43*

§5.1　セル複体のホモロジー群の計算法 ... *43*

§5.2　単体的複体のホモロジー ... *48*

（a）単体的複体の定義 ... *48*
（b）単体的複体のホモロジー ... *51*

§5.3　セル複体のホモロジー群の計算 ... *56*

要　約 ... *57*

演習問題 ... *57*

第6章　コホモロジー群 ... *59*

§6.1　コホモロジー群の公理 ... *59*

§6.2　単体的複体のコホモロジー ... *60*

要　約 ... *63*

演習問題 ... *63*

第7章 積空間のホモロジー群と普遍係数定理 ‥ 65

§7.1 可換群のいろいろな積‥‥‥‥‥‥ 65
- (a) テンソル積‥‥‥‥‥‥‥‥‥ 65
- (b) Hom ‥‥‥‥‥‥‥‥‥‥ 66
- (c) ねじれ積‥‥‥‥‥‥‥‥‥‥ 66
- (d) Ext ‥‥‥‥‥‥‥‥‥‥‥ 67

§7.2 Künneth の公式‥‥‥‥‥‥‥‥ 68
§7.3 カップ積‥‥‥‥‥‥‥‥‥‥‥ 69
§7.4 普遍係数定理‥‥‥‥‥‥‥‥‥ 70
要 約‥‥‥‥‥‥‥‥‥‥‥‥‥ 71
演習問題‥‥‥‥‥‥‥‥‥‥‥‥‥ 71

第8章 ファイバー束とベクトル束‥‥‥‥ 73

§8.1 ファイバー束‥‥‥‥‥‥‥‥‥ 73
§8.2 ベクトル束‥‥‥‥‥‥‥‥‥‥ 77
§8.3 Grassmann 多様体 ‥‥‥‥‥‥ 80
- (a) Grassmann 多様体の定義 ‥‥‥ 80
- (b) Grassmann 多様体上の標準ベクトル束 ‥ 81
- (c) 分類空間としての Grassmann 多様体 ‥‥ 81

要 約‥‥‥‥‥‥‥‥‥‥‥‥‥ 84
演習問題‥‥‥‥‥‥‥‥‥‥‥‥‥ 85

第9章 スペクトル系列 ‥‥‥‥‥‥‥ 87

§9.1 完全カップルとスペクトル系列‥‥‥ 87
§9.2 ファイバー束のスペクトル系列‥‥‥ 91
§9.3 スペクトル系列の応用‥‥‥‥‥‥ 94
§9.4 コホモロジースペクトル系列‥‥‥‥ 96
§9.5 $P^k(\mathbb{C})$ のコホモロジー群とカップ積の構造‥‥ 98
§9.6 つぶれるスペクトル系列‥‥‥‥‥ 99

§9.7 分類空間のコホモロジー	100
要　約	104
演習問題	104
現代数学への展望	105
さらに学習するための参考書	111
演習問題解答	113
索　引	117

1 位相同型と ホモトピー同値

位相幾何(topology)は，図形のつながりだけを論じるといっても，厳密に議論するとその条件のゆるやかさの違いで，位相同型という概念とホモトピー同値という概念の2つに分かれる．ホモトピー同値のほうがより甘い見方である(位相同型でないものでも，ホモトピー同値のものはたくさんある)．

アルファベットの大文字 A, B, C, …, Z を位相同型で分類すると

$$\{A, R\}, \{B\}, \{C, I, J, L, M, N, S, U, V, W, Z\},$$
$$\{D, O\}, \{E, F, T, Y\}, \{G\}, \{H, K\}, \{P\}, \{Q\}, \{X\}$$

と 10 コの異なる類に分かれる(アルファベットの書き方にもよる．例えば，I は縦に線分として書き，Iのようには書かないとする)．それぞれのグループの中の字は互いに位相同型であるが，他のグループの字とはどれも位相同型ではない．

一方ホモトピー同値によって異なるものに分けると

$$\{A, R, D, O, P\}, \{B, Q\},$$
$$\{C, I, L, M, N, S, U, V, W, Z, E, F, J, T, Y, G, H, K, X\}$$

と3つの類になってしまう．3つのグループの中の文字はいずれもお互いにホモトピー同値，しかし，他のグループの文字とはホモトピー同値ではない．

ちなみにこの穴の数は，A のグループは 1 コ，B のグループは 2 コ，C のグループは 0 コと数えてもよいだろう．さて上の単純な例で，読者は，位相同型とホモトピー同値の定義を推察できたであろうか？

§1.1 位相同型

定義1.1 位相空間 X と Y が位相同型(homeomorphic)であるとは，連続写像 $f:X\to Y$ と $g:Y\to X$ を，合成 $g\circ f:X\to X$, $f\circ g:Y\to Y$ がともにそれぞれ X, Y 上の恒等写像に等しくなるようにとることができることである．恒等写像を id と書くと，$g\circ f=id$, $f\circ g=id$. このとき，f を X から Y への**位相同型写像**(homeomorphism)，g を Y から X への位相同型写像という． □

位相同型写像のことを**同相写像**ということもある．

$g\circ f$ が恒等写像ということから，f が単射であることと g が全射であることが導かれ，$f\circ g$ が恒等写像ということから，f が全射であることと g が単射であることが導かれ，結局 f, g ともに，連続な全単射写像であることが導かれる．

例題1.2 位相空間としてアルファベットの M と N をとる．位相同型写像 $f:\mathsf{M}\to\mathsf{N}$ および $g:\mathsf{N}\to\mathsf{M}$ を構成せよ．

［解］ f として，M の左半分の ∧ をそのまま N の左および中央の ∧ に，M の右半分の ∧ を N の右側の | に曲がりを伸ばす写像とし，g として，N の左および中央の ∧ をそのまま M の左半分の ∧ に，N の右側の | を曲げて M の右半分の ∧ に写す写像とする(図1.1)．そうすると，$g\circ f=id$, $f\circ g=id$ が成立する． ∎

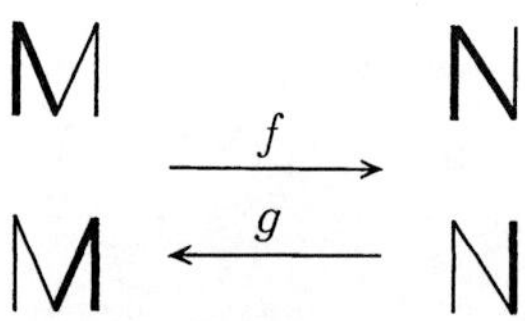

$$\mathsf{M} \xrightarrow{f} \mathsf{N}$$
$$\mathsf{M} \xleftarrow{g} \mathsf{N}$$

図1.1

例題1.3 位相空間としてアルファベットの X と I をとる．X と I は位相同型ではないことを示せ．

［解］ 位相同型写像 $f:\mathsf{X}\to\mathsf{I}$ が存在したとする．X の 1 点 x_0 を勝手にと

ると，位相同型写像の定義から，f を，X から x_0 を除いた空間に制限した写像 $f|_{(X-x_0)}$ も，$X-x_0$ から $I-f(x_0)$ への位相同型写像となる．x_0 として，X の中心点(4 辻交差点)をとると，$X-x_0$ は，4 本のばらばらな線分(1 つの端は開，他の端は閉)，$I-f(x_0)$ は 2 本のばらばらな線分(1 つの端は開，他の端は閉)となる．それらは，位相同型ではない． ∎

"位相同型な位相空間をすべて同じものとみる"というのが，位相幾何の基本的立場である．

§1.2 ホモトピー同値

ホモトピー同値の定義には，準備として，写像がホモトピックであるという定義をしなければならない．

定義 1.4 X と Y という 2 つの位相空間の間の 2 つの連続写像
$$f_i : X \longrightarrow Y \qquad (i = 0, 1)$$
がホモトピック(homotopic)であるとは，f_0 と f_1 をつなぐ連続的に変化する連続写像たちの族
$$f_t : X \longrightarrow Y \qquad (t \in [0, 1])$$
が存在することである．このとき，$f_0 \simeq f_1$ と書き，f_t $(t \in [0,1])$ をホモトピー(homotopy)という． ∎

例 1.5 アルファベット X から Y への写像を f_0 と f_1 として，f_0 は X のすべての点を Y の中心点(3 辻交差点)に対応させる写像，f_1 は X の上 ∨ を Y の上 ∨ にそのまま写し，X の下 ∧ を Y の下 | にピンセットのように閉じる写像と定義する．このとき，f_0 と f_1 はホモトピックである．なぜなら，$t \in [0, 1]$ に対し，f_t の行き先を，f_1 の行き先を Y の中心から t 倍縮めた点として，定義すればよいからである． ∎

例 1.6 アルファベット O からアルファベット O への写像として，f_0 は O のすべての点を O の一番上の点に対応させる写像，f_1 は O から O への恒等写像とする．このとき，f_0 と f_1 はホモトピックではない．

これは，直感的には明らか(O での恒等写像をいくら連続的に動かしてみ

ても，行き先が O だから，動かしている途中も連続写像という条件では，どうしても，定点への写像には移らない)であるが，厳密な証明はホモロジー論を用いても与えられるので例 4.9 でそれを示す． □

X から Y への連続写像全体で，ホモトピックな連続写像は同じものとみなした集合を，

$$[X,Y]$$

と書き，X から Y への**ホモトピー類のなす集合**(set of homotopy classes)，または，単に**ホモトピー集合**(homotopy set)という．

例 1.7 X, Y, O をアルファベットの文字とする．次の結果は第 3 章で説明する．

$$[X,Y] \cong 1 点, \quad [O,O] \cong \mathbb{Z} \text{ (整数全体の集合)} \qquad □$$

さて，位相空間 X と Y がホモトピー同値であるという定義を次のように与える．

定義 1.8 位相空間 X と Y が**ホモトピー同値**(homotopy equivalent)であるとは，連続写像 $f: X \to Y$ と $g: Y \to X$ を，合成 $g \circ f: X \to X$，および合成 $f \circ g: Y \to Y$ が，ともにそれぞれ X 上，および Y 上の恒等写像とホモトピックであるようにとることができることである．X と Y がホモトピー同値であるとき，X と Y の**ホモトピー型**(homotopy type)が等しいともいう．

□

上の条件を満たす f, g を，**ホモトピー同値写像**(homotopy equivalence)という．ホモトピー同値写像は，ふつうは単射でも全射でもない．位相空間 X と Y がホモトピー同値のとき，ホモトピックと同じ記号で $X \simeq Y$ と書く．この場合，記号 $\simeq$ の両側は位相空間なので混乱は生じない．

問 アルファベット X から Y への例 1.5 の写像 $f_0: X \to Y$ は，ホモトピー同値写像であることを示せ（ヒント：$g: Y \to X$ を与え，$g \circ f_0$ および $f_0 \circ g$ と恒等写像とのホモトピーを与えればよい）．

定義から，位相同型な位相空間は，ホモトピー同値であることがわかる．

つまりホモトピー同値のほうが，ゆるやかな(甘い)見方である．

今までは，図形の例として，アルファベットの文字のみを扱ってきた．これらは，直線，曲線のみで構成される1次元の図形である．しかし，面を含んだり，立体を含んだりする2次元以上の高次元の図形に対しても，位相同型，ホモトピー同値の定義は，そのまま通用している．

例1.9 ドーナツは，取っ手のついたコーヒーカップと位相同型であり，アルファベットの O とホモトピー同値である． □

後に述べるホモロジー群，コホモロジー群は，ホモトピー同値な空間に対して，全く同じ情報を与えてしまう．位相同型かどうかは，特性類などを用いて調べる．

§1.3 位相空間対

位相幾何においては単独の位相空間 X だけではなく，位相空間の対 (X, A) が，基本的な対象である．単独なものから，対を考えるということで，大きな進歩がもたらされた．

位相空間対(topological pair) (X, A) とは，X が位相空間で，A がその部分空間であることである．

2つの位相空間対 (X, A), (Y, B) に対し，連続写像 $f : (X, A) \to (Y, B)$ とは，連続写像 $f : X \to Y$ で，
$$f(A) \subset B$$
という条件を満たすものとする．

2つの位相空間対 (X, A) と (Y, B) が位相同型であるとは，単独の位相空間の場合と全く同様，連続写像 $f : (X, A) \to (Y, B)$ と $g : (Y, B) \to (X, A)$ を，合成 $g \circ f : X \to X$, $f \circ g : Y \to Y$ が，ともにそれぞれ X, Y 上の恒等写像に等しくなるようにとることができることと定義する．そのとき，制限 $f|_A : A \to B$ と $g|_B : B \to A$ は，ともに位相同型写像となる．

例1.10 (x, y, z) 空間 $\mathbb{R}^3$ で，単純にひもの両端をくっつけたものを A とする．空間 $\mathbb{R}^3$ で，ひもに，結び目をつくってから，両端をくっつけたもの

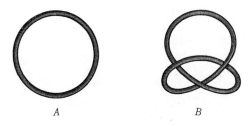

図 1.2　結び目

を B とする(図 1.2).

そのとき，位相空間対 $(\mathbb{R}^3, A)$ と位相空間対 $(\mathbb{R}^3, B)$ は，決して位相同型にならないことが証明できる(後で説明するホモトピー論を使い，補空間の基本群を考える). □

2 つの連続写像 $f_i\colon (X, A) \to (Y, B)$ $(i=0,1)$ がホモトピックであることの定義も，前と同様に，f_0 と f_1 をつなぐ連続的に変化する連続写像の族
$$f_t\colon (X, A) \longrightarrow (Y, B) \quad (t \in [0,1])$$
が存在することとする.

位相空間対 (X, A) から (Y, B) への連続写像全体で，ホモトピックな連続写像は同じものとみなした集合を
$$[(X, A), (Y, B)]$$
と書き，(X, A) から (Y, B) へのホモトピー集合という. $A = B = \emptyset$(空集合)のとき，$(X, A), (Y, B)$ をそれぞれ単に X, Y と書く. $[(X, \emptyset), (Y, \emptyset)]$ は，X から Y への連続写像全体で，ホモトピックな連続写像は同じものとみなした集合に等しいから，
$$[X, Y] = [(X, \emptyset), (Y, \emptyset)]$$
となる.

ホモトピー集合については，第 3 章で詳しく調べる.

《 要 約 》

1.1 位相同型とは，逆写像も連続な全単射写像が存在することである．

1.2 ホモトピー同値とは，ホモトピーの意味で逆写像が存在することである．

1.3 位相空間対の間の写像についても，位相同型，ホモトピー同値写像が同様に定まる．

───── 演習問題 ─────

1.1 アルファベットのWとZが位相同型であることを示せ．

1.2 アルファベットのPとRがホモトピー同値であることを示せ．

1.3 アルファベットのAは，上部で△を部分空間としているから，(A, △)は，位相空間対である．また，アルファベットのRは，上部でDを部分空間としているから，(R, D)も，位相空間対である．(A, △)と(R, D)は，位相同型であることを示せ．

2 さまざまな空間とセル複体

　世の中にはいろいろな図形があり，線分とか円板といった基本的な図形から，境界がはっきりしないファジーなものまでさまざまである．我々がこの本で扱う図形という対象をはっきりさせよう．それは，つながっているか離れているかがはっきりしているものでなくてはならない．そのような連続の概念が定まる図形それ自体を1つの空間とみなし，位相空間とよぶ．位相空間もいろいろあるが，基本的なものは，球体あるいはセルとよばれる中身のつまったボールである．この球体の表面(境界)が球面である．次元は1,2,3にかぎらず，一般のnまで考える．セル複体とよばれるものは，このような有限個の次元のさまざまなセルがくっつけられてできた位相空間である．この章では，図形のつくり方とセル複体を説明し，以後の章では図形あるいは位相空間といえば，とくに断る場合をのぞき，セル複体だけを考えるものとする．

§2.1 基本的な空間

$n \geqq 1$ に対し，**n 次元球体**(n-dimensional disk) D^n を次で定める．

$$D^n = \left\{ (x_1, x_2, \cdots, x_n) \in \mathbb{R}^n \;\middle|\; \sum_i {x_i}^2 \leqq 1 \right\}$$

$n \geqq 1$ に対し，**$n-1$ 次元球面**($(n-1)$-dimensional sphere) S^{n-1} を次で定

める．

$$S^{n-1} = \left\{(x_1, x_2, \cdots, x_n) \in \mathbb{R}^n \mid \sum_i x_i^2 = 1\right\}$$

S^0 は $\{\pm 1\}$ の 2 点である．D^0 は 1 点と定める．n 次元球体 D^n の境界は S^{n-1} である．すなわち

$$\partial D^n = S^{n-1}$$

0 と 1 の間の閉区間 $[0,1]$ を I と書く．そのとき，I と D^1 は位相同型である．

§2.2 積空間と商空間

2 つの図形(位相空間)X, Y に対し，X の点 x と Y の点 y の点の組 (x,y) 全体は，新しい図形(位相空間)をつくる．この図形を**積空間**(product space)とよび，$X \times Y$ と書く．

例 2.1 $I \times I$ は $\{(x,y) \mid 0 \leq x \leq 1, 0 \leq y \leq 1\}$ と同じだから，正方形で，D^2 と位相同型．$I \times I$ は簡単に I^2 と書く．

同様に，$I^n = I \times \cdots \times I$ は D^n と位相同型． □

例 2.2 $S^1 \times S^1$ はドーナツの表面と位相同型で，**トーラス**(torus)とよばれ，T^2 と書くこともある(例 2.15 参照)． □

ある図形 X の中のいくつかの点を同じ点とみなし，他のいくつかの点も同じ点とみなし，こうして(同値関係を与えて)，新しい図形 $\tilde{X}$ をつくることができる．この図形を X から(ある同値関係によって)つくられた**商空間**(quotient space)という．同値関係を抽象的に $\sim$ で表して，$\tilde{X} = X/\sim$ と書くこともある．

例 2.3 I の両端 0 と 1 を同じ点とみなすと円周ができて，これは S^1 ともアルファベットの O とも位相同型である．D^n の境界 $\partial D^n = S^{n-1}$ のすべての点を同じ点とみなすと，S^n と位相同型な図形ができる． □

例 2.4 正方形 $I^2 = \{(x,y) \mid 0 \leq x \leq 1, 0 \leq y \leq 1\}$ の上端と下端，左端と右端の線分の点で，座標軸に平行移動して移る点は，同じ点とみなす．すなわ

ち，すべての $0 \leq y \leq 1$ に対して，$(0, y)$ と $(1, y)$ は同じ点とみなし，すべての $0 \leq x \leq 1$ に対して，$(x, 0)$ と $(x, 1)$ は同じ点とみなす．そのとき，商空間として，トーラス $T^2 \equiv S^1 \times S^1$ と位相同型なものができる． □

例 2.5 正方形 $I^2 = \{(x, y) \mid 0 \leq x \leq 1, 0 \leq y \leq 1\}$ の，左端と右端の線分の $(1/2, 1/2)$ を中心とした対点どうし，すなわち，すべての $0 \leq y \leq 1$ に対して，$(0, y)$ と $(1, 1-y)$ は同じ点とみなした商空間を，**Möbius の帯**(Möbius band)といい，これは裏表のない空間である（図 2.1）． □

図 2.1 Möbius の帯

例 2.6 n 次元球面 S^n の対点どうし，$\boldsymbol{x} = (x_1, x_2, \cdots, x_{n+1}) \in S^n$ と $-\boldsymbol{x} = (-x_1, -x_2, \cdots, -x_{n+1}) \in S^n$ を同じ点とみなした商空間を，**n 次元実射影空間**(real projective space)とよび，$P^n(\mathbb{R})$ と書く．$n = 2$ のとき，$P^2(\mathbb{R})$ は**実射影平面**(real projective plane)とよばれる．

D^2 の境界 $\partial D^2 = S^1$ の対点どうしを同じ点とみなした D^2 の商空間は，実射影平面 $P^2(\mathbb{R})$ と位相同型である． □

§2.3 和空間と接着空間

X と Y を 2 つの位相空間とし，共通部分を A ($X \cap Y = A$) とする．そのとき，**和空間**(sum) $X \cup Y$ が定まる．$X \underset{A}{\cup} Y$ と書くこともある．$X \cap Y = \varnothing$ ならば，$X \cup Y$ は，X と Y がばらばらの和空間となる（図 2.2）．

今，$X \cap Y = \varnothing$ であっても，$X \supset A$, $Y \supset B$ で位相同型写像 $h: B \to A$ が存在したら，h で A と B を同じものと考えることにより，$X \cap Y = A = B$ と見て，上と同様に和空間が考えられる．この空間を $X \underset{h}{\cup} Y$ と書く．

さらに，$X \supset A$, $Y \supset B$ で，$h: B \to A$ が単に連続写像である場合でも，X

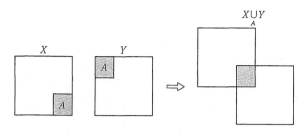

図 2.2　和空間

と Y のばらばらの和空間 $X \cup Y$ で，すべての $b \in B$ に対し，$a = h(b)$ となる a を b と同じ点とみなすことにより，**接着写像**(attaching map) $h: B \to A$ による**接着空間**(attaching space) $X \underset{h}{\cup} Y$ が定義される (図 2.3).

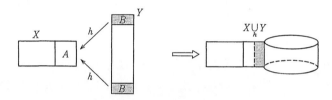

図 2.3　接着空間

例 2.7　pt で 1 点を表し，
$$X = A = pt, \quad Y = D^2, \quad B = \partial D^2 = S^1$$
とする．このとき $h: B \to A$ は定値写像で，接着空間 $X \underset{h}{\cup} Y$ は，2 次元球面 S^2 と位相同型である．　□

例 2.8　$X = A = S^1$, $Y = I \times S^1$, $B = \{0\} \times S^1$ とすると，A も B ともに円周と位相同型である．$h: B \to A$ を，B をひとまわりするとき A を 2 まわりする写像 (円周を長さ 1 の複素数として，$z \to z^2$ の写像) とすると，接着空間 $X \underset{h}{\cup} Y$ は，Möbius の帯と位相同型 (証明は演習問題を参照．解は巻末).
　□

例 2.9
$$X = A = S^1, \quad Y = D^2, \quad B = \partial D^2 = S^1$$
これは，上の例と X, A, B が等しく，Y のみが異なる．$h: B \to A$ を，上の

例と同じ写像とする. このとき, 接着空間 $X \underset{h}{\cup} Y$ は, Möbius の帯のふちに 2 次元球体をはりつけたものに位相同型となるが, これは, 2 次元実射影平面 $P^2(\mathbb{R})$ と位相同型である. □

例 2.10 トーラス $T^2 = S^1 \times S^1$ から, 埋め込まれた 2 次元球体 D^2(の内点)をとりのぞくと, 境界が S^1 であるロボットの手袋 T_0^2 ができる. 2 つの T_0^2 の境界 S^1 どうしをはりあわせると, 2 人乗り浮き袋 M_2 となる. M_2 を, **種数**(genus) 2 の**閉曲面**(closed surface, 正確にいうと向きづけ可能な閉曲面)ということもある. さらに, M_2 から D^2(の内点)をとりのぞき, T_0^2 をはりあわせるという操作を繰り返し, n 人乗り浮き袋 M_n を得る(図 2.4). (向きづけ可能な)閉曲面はすべて n 人乗り浮き袋の型をしており, n を閉曲面の種数という. □

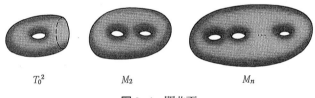

図 2.4 閉曲面

§2.4 セル複体

i 次元球体 D^i の内部 $D^i - \partial D^i = D^i - S^{i-1}$ と位相同型なものがいくつか集まって($0 \leq i \leq n$ とする) 1 つの図形を構成しているときに, その 1 つ 1 つを i **セル**(cell)とよぶのが習慣である. i セルを e^i と書くとき, i 次元球体 D^i と位相同型なものを $\bar{e}^i$ と書き, **閉セル**または**ふちつきセル**(closed cell)とよぶ. $\partial \bar{e}^i$ で, S^{i-1} と位相同型なふち(境界)を表す. したがって $\bar{e}^i - \partial \bar{e}^i = e^i$ となる. $\bar{e}^0 = e^0$ は 1 点, $\partial \bar{e}^0 \cong S^{-1}$ は空集合と考える. したがって, ふちつき 0 セルは, ふちのない 0 セルでもある.

定義 2.11 次のレシピに従って順次構成された接着空間を**(有限)セル複体**(cell complex)という.

[材料]

k_0 個のふちつき 0 セル　　$\bar{e}_1^0, \bar{e}_2^0, \cdots, \bar{e}_{k_0}^0$

k_1 個のふちつき 1 セル　　$\bar{e}_1^1, \bar{e}_2^1, \cdots, \bar{e}_{k_1}^1$

……

k_i 個のふちつき i セル　　$\bar{e}_1^i, \bar{e}_2^i, \cdots, \bar{e}_{k_i}^i$

……

k_n 個のふちつき n セル　　$\bar{e}_1^n, \bar{e}_2^n, \cdots, \bar{e}_{k_n}^n$

[制作]　まず $X^0 = \bar{e}_1^0 \cup \bar{e}_2^0 \cup \cdots \cup \bar{e}_{k_0}^0$（ばらばらの和）とする.

次に $X^{(1)} = \bar{e}_1^1 \cup \bar{e}_2^1 \cup \cdots \cup \bar{e}_{k_1}^1$（ばらばらの和）と定め，$\partial X^{(1)} = \partial \bar{e}_1^1 \cup \partial \bar{e}_2^1 \cup \cdots \cup \partial \bar{e}_{k_1}^1$ とおく. このとき，連続写像

$$h_1 : \partial X^{(1)} \longrightarrow X^0$$

をとってくる（接着写像を 1 つ指定する）. それにより，

$$X^1 \equiv X^0 \bigcup_{h_1} X^{(1)}$$

とおき，接着空間として X^1 を定める.

次に $X^{(2)} = \bar{e}_1^2 \cup \bar{e}_2^2 \cup \cdots \cup \bar{e}_{k_2}^2$（ばらばらの和）と定め，$\partial X^{(2)} = \partial \bar{e}_1^2 \cup \partial \bar{e}_2^2 \cup \cdots \cup \partial \bar{e}_{k_2}^2$ とおき，連続写像

$$h_2 : \partial X^{(2)} \longrightarrow X^1$$

をとってくる（次の接着写像を 1 つ指定する）. それにより，

$$X^2 \equiv X^1 \bigcup_{h_2} X^{(2)}$$

とおき，接着空間として X^2 を定める.

これを繰り返して

$$X^n = X^{n-1} \bigcup_{h_n} X^{(n)}$$

とおくと，X^n は，すべての材料を使ってできたもので，$X = X^n$ が完成品である.　　　□

このようにしてつくられた作品 X が，(1 つの) n 次元セル複体，あるいは，単にセル複体とよばれ，材料と接着写像 $h_1, h_2, \cdots, h_n$ によってつくられ

たものである．$0 \leq q \leq n$ に対して，X^q をセル複体 X の **q 切片**(q-skeleton) という．

セル $\bar{e}_j^q$ に対し，自然な包含写像 $i: \bar{e}_j^q \to X^{(q)}$，自然な同一視写像 $\pi: X^{(q)} \to X^q = X^{q-1} \underset{h_q}{\cup} X^{(q)}$ および包含写像 $\iota: X^q \to X$ は結合
$$\phi_j^q \equiv \iota \circ \pi \circ i: \bar{e}_j^q \longrightarrow X$$
を定める．写像 ϕ_j^q を，セル e_j^q の**特性写像**(characteristic map)という．

特性写像 ϕ_j^q の境界 $\partial \bar{e}_j^q$ への制限は，接着写像 $h_q: \partial X^{(q)} \to X^{q-1}$ の $\partial \bar{e}_j^q$ への制限に等しい．

注意 途中の次元のセルが 1 つもなくてもよいが，$X^{(q)} = \bar{e}_1^q \cup \bar{e}_2^q \cup \cdots \cup \bar{e}_{k_q}^q$ (ばらばらの和) の境界 $\partial X^{(q)}$ が，必ず接着写像
$$h_q: \partial X^{(q)} \longrightarrow X^r, \quad r < q$$
で接着されているのが条件である．

定義から，次が成立することがすぐわかる．

定理 2.12 セル複体 X は，(ふちのない)セルの集まりである．すなわち
$$X = \bigcup_{p,q} e_q^p$$
□

例 2.13 n 次元球面は，1 つの 0 セル $\bar{e}^0$ と，1 つのふちつき n セル $\bar{e}^n$，および定値接着写像
$$h_n: \partial X^{(n)} = \partial \bar{e}^n \longrightarrow \bar{e}^0$$
により定まるセル複体である．すなわち
$$S^n = \bar{e}^0 \underset{h_n}{\cup} \bar{e}^n$$

n 次元球体 D^n は，セル複体 $S^{n-1} = \bar{e}^0 \underset{h_{n-1}}{\cup} \bar{e}^{n-1}$ に，1 つのふちつき n セル $\bar{e}^n$ が，恒等写像の接着写像
$$h_n: \partial X^{(n)} = S^{n-1} \longrightarrow X^{n-1} = S^{n-1}$$
により接着されたセル複体である．すなわち

$$D^n = \left(\bar{e}^0 \bigcup_{h_{n-1}} \bar{e}^{n-1}\right) \bigcup_{h_n} \bar{e}^n$$

例 2.14 実射影平面 $P^2(\mathbb{R})$ は，1つの0セル $\bar{e}^0$，1つのふちつき1セル $\bar{e}^1$，および1つのふちつき2セル $\bar{e}^2$ により構成されるセル複体である．すなわち

$$P^2(\mathbb{R}) = \left(\bar{e}^0 \bigcup_{h_1} \bar{e}^1\right) \bigcup_{h_2} \bar{e}^2$$

ここで $h_2 \colon \partial \bar{e}^2 \cong S^1 \to \left(\bar{e}^0 \bigcup_{h_1} \bar{e}^1\right) \cong S^1$ は2回転する写像である．

例 2.15 トーラス $T^2 \equiv S^1 \times S^1$ は，1つの0セル $\bar{e}^0$，2つのふちつき1セル $\bar{e}^1_1, \bar{e}^1_2$，および1つのふちつき2セル $\bar{e}^2$ により構成されるセル複体である．すなわち

$$S^1 \times S^1 = \left(\bar{e}^0 \bigcup_{h_1} (\bar{e}^1_1 \cup \bar{e}^1_2)\right) \bigcup_{h_2} \bar{e}^2$$

これはトーラスの上に1点で交わる2つの円周をうまくとり，そこを切りひらくと，正方形になることを意味している（図 2.5）．

図 2.5 トーラス

例題 2.16 セル複体 X とセル複体 Y の積 $X \times Y$ もセル複体になることを示せ．

[解] X のセル e^i_j たちと，Y のセル e'^k_l たちに対し，すべての $e^i_j \times e'^k_l$ をセルとする． ∎

セル複体対(pair of cell complexes) (X, A) とは，X がセル複体で A はその部分空間であるが，A は X を構成するセルのいくつかの集まりで，A もセル複体になっているものをいう．そのとき，A の接着写像は X のセルの

接着写像の制限に等しい.

以後の章では,断らない限り,"位相空間としてはつねにセル複体のみ,位相空間対としてはつねにセル複体対のみ",を扱う.

《要約》

2.1 球体 D^n とその境界である球面 S^{n-1} が基本的空間である.
2.2 位相空間に同値関係をいれて商空間ができる.
2.3 2つの空間を接着写像でのりづけすれば,接着空間ができる.
2.4 セル空間は,いくつかの(球体と位相同型な)ふちつきセルが,特性写像で接着された空間である.

―――― 演習問題 ――――

2.1 例 2.4 で,正方形 $I^2 = \{(x, y) \mid 0 \leqq x \leqq 1, 0 \leqq y \leqq 1\}$ の商空間としてトーラスをつくったが,さらに,$(x, y) \in I^2$ と $(1-x, 1-y) \in I^2$ を同じ点とみなした商空間は,2次元球面 S^2 と位相同型であることを示せ.

2.2 例 2.8 に示した接着空間 $X \cup_h Y$ は,Möbius の帯と位相同型であることを示せ.

2.3 2人乗り浮き袋をセル複体として表せ.n 人乗り浮き袋も同様に表せ.

3 基本群とホモトピー群

 ある図形とその上の 1 点が与えられているとする．その 1 点から，長い投げ縄をその図形にほうり投げる．それから，その投げ縄を縮めてゆく．縄は必ず図形の中を通るという条件で縮めてゆくと，図形に穴が空いていなければ，するするとその投げ縄は 1 点に縮まるだろう．ところが池があって，投げ縄がそのまわりを 1 周していたとする．池の中は図形に含まれていないとすると，図形の中を必ず通るという条件で投げ縄を 1 点に縮めることは不可能であろう．基本群，あるいは 1 次元ホモトピー群は，この縮め方の可能性の程度をはかるものである．

 これに対し，2 次元ホモトピー群は，大きな風呂敷を投げて端をその図形上に与えられた 1 点にしたとき，図形の中だけを通って風呂敷を 1 点に縮めることの可能性の程度をはかるものである．

 上の説明だけでなんとなく理解できたら，この章は飛ばして次章へ行っても良いであろう．

§3.1 ホモトピー集合

 位相空間対 (X, A) から (Y, B) への連続写像全体で，ホモトピックな連続写像は同じものとみなした集合を
$$[(X, A), (Y, B)]$$

と書いた(§1.3 参照).

自然数 n に対して,$X = I^n$,$A = \partial I^n$ と置くと,$(X, A) = (I^n, \partial I^n)$ は位相空間対であり (D^n, S^{n-1}) と位相同型となる.

基点をもった位相空間(topological space with a base point)とは,位相空間 X とその部分空間 A が 1 点の場合の位相空間対 (X, A) のこととする.A を 1 点らしく x_0 と書くことも多い.そのとき,x_0 を X の**基点**(base point)という.

基点をもった位相空間 (X, x_0) と,すべての自然数 n に対して,ホモトピー集合
$$[(I^n, \partial I^n), (X, x_0)]$$
が定まる.この集合(§3.2, 3.3 で群となることを示す)が,空間 X の特質を表すものの 1 つである.

n 次元球面 S^n に 1 つ基点 x_0 を定めると,位相空間対 (S^n, x_0) ができる.I^n の境界 ∂I^n を 1 点につぶしても,(S^n, x_0) と位相同型な位相空間対ができる.

$[(I^n, \partial I^n), (X, x_0)]$ の元は,写像
$$f : (I^n, \partial I^n) \longrightarrow (X, x_0)$$
で表され,$f(\partial I^n) = x_0$ だから,次が成立する.

定理 3.1 2 つの集合の間の自然な 1 対 1 同型
$$[(I^n, \partial I^n), (X, x_0)] \cong [(S^n, x_0), (X, x_0)]$$
が存在する. □

一見複雑な $[(I^n, \partial I^n), (X, x_0)]$ の方が,$[(S^n, x_0), (X, x_0)]$ より扱いやすいことは,次節以降でこの集合に群構造を入れるときに,気がつくであろう.

例 3.2 空間 X をアルファベットの X とし,x_0 は X の中心(4 辻交差点)とする.このとき,すべての自然数 n に対して,
$$[(I^n, \partial I^n), (X, x_0)] \cong 1 \text{ 点}$$
すなわち,かってな写像 $f_1 : (I^n, \partial I^n) \to (X, x_0)$ は,定値写像
$$f_0 : (I^n, \partial I^n) \longrightarrow (X, x_0) \quad (\text{すべての } x \in I^n \text{ に対して } f_0(x) = x_0)$$
とホモトピックである.なぜなら,X の中心からの距離を t ($t \in [0, 1]$) 倍す

ることで
$$f_t(x) = tf_1(x) \qquad (x \in I^n)$$
と定めると，f_t $(t \in [0,1])$ が，f_0 と f_1 との間のホモトピーを与えるからである． □

例 3.3 空間 X を $S^1 =$ アルファベットの O，x_0 は O の一番上の点とする．このとき，1 対 1 同型
$$[(I^1, \partial I^1), (S^1, x_0)] \cong \mathbb{Z}$$
が存在する．なぜなら，$[(I^1, \partial I^1), (S^1, x_0)]$ の元は，写像 $f : (S^1, x_0) \to (S^1, x_0)$ で表され，S^1 が f で S^1 に何回巻きつくように写されるか，という**回転数** (rotation number)が整数を与え(向きが逆に回転していれば負の整数)，回転数が等しい写像はホモトピックだからである． □

この場合，S^1 の基点として他の点 x_1 を取っても
$$[(I^n, \partial I^n), (S^1, x_0)] \cong [(I^n, \partial I^n), (S^1, x_1)]$$
が成立するのは，明らかであろう．

基点を考えないホモトピー集合についても，上と同様の考えで，例 1.7 にのべた例を得る．

命題 3.4 X, Y, O をアルファベットの文字とすると，
$$[X, Y] \cong 1 \text{ 点}, \quad [O, O] \cong \mathbb{Z} \qquad □$$

一般に次の定理が成立する．証明は(簡単であるが，まとめて)§3.4 で与える．

定理 3.5 X が，つながっている位相空間(連結な位相空間，進んだ読者への注意：有限セル複体では連結と弧状連結は同値)ならば，X の任意の 2 点 x_0, x_1，すべての自然数 n に対して，1 対 1 同型
$$[(I^n, \partial I^n), (X, x_0)] \cong [(I^n, \partial I^n), (X, x_1)]$$
が存在する． □

この定理を認めると，基点を考える意味はないのではないかと思う読者がいるだろうが，やはり，この集合に群構造を入れるという次節以降での話で基点が重要となる．

§3.2 基本群

基点をもった空間 (X, x_0) に対して，集合 $[(I^n, \partial I^n), (X, x_0)]$ に群構造を入れる．その群を $\pi_n(X, x_0)$ と書いて，空間 (X, x_0) の n 次元ホモトピー群という．X が連結の場合には，基点が異なっても同型な群となるので，単に $\pi_n(X)$ と書く場合も多い．X がセル複体のとき，$n \geq 2$ の場合，$\pi_1(X, x_0)$ が消えていれば $\pi_n(X, x_0)$ は有限生成の可換群となり，無限巡回群 $\mathbb{Z}$ と有限巡回群 $\mathbb{Z}/(p_i)$ のいくつかずつの直和と同型な群となり，$n = 1$ の場合，$\pi_1(X, x_0)$ は有限生成の(可換とは限らない)群となる．$n = 1$ のときが特に重要だから，歴史的に $\pi_1(X, x_0)$ を**基本群**(fundamental group)とよんでいる．

この節では，$n = 1$ の場合(つまり基本群)を扱う．

基点をもった位相空間 (X, x_0) から定まる集合 $[(I, \partial I), (X, x_0)]$ の2つの元 α_1, α_2 に対し，群にするため，結合

$$\alpha_1 \cdot \alpha_2 \in [(I, \partial I), (X, x_0)]$$

を次のように定める．α_i $(i = 1, 2)$ を代表するものとして(ホモトピックなものを同じものとして見ているから，ホモトピックなものの中から何でもよいから)

$$f_i : (I, \partial I) \longrightarrow (X, x_0) \quad (i = 1, 2)$$

を取っておく．区間 $I = [0, 1]$ を $[0, 1/2]$ と $[1/2, 1]$ に分けると，$[0, 1/2]$ も $[1/2, 1]$ も，どちらも $I = [0, 1]$ と位相同型である．f_1 も f_2 も ∂I の点はすべて x_0 に写しているから，

$$f_1 \cup f_2 : (I, \partial I) \longrightarrow (X, x_0)$$

という連続写像を，$[0, 1/2]$ のところでは f_1 に等しく(I と $[0, 1/2]$ を同じとみなして)，$[1/2, 1]$ のところでは f_2 に等しく(I と $[1/2, 1]$ を同じとみなして)取って，定義することができる．f_1 と f_2 を，それぞれホモトピックなものでとりかえても，$f_1 \cup f_2$ はホモトピックなものにしか変わらず，そのホモトピー類を結合 $\alpha_1 \cdot \alpha_2$ と定義する．

この結合が群の公理を満たすことがわかり，このようにして群構造を入れた $[(I, \partial I), (X, x_0)]$ を $\pi_1(X, x_0)$ と書き，(X, x_0) の基本群(または，**1次元ホ**

モトピー群)という．X が連結な場合には，単に $\pi_1(X)$ と書くことも多い．

連結で，$\pi_1(X, x_0) \cong \{1\}$（単位元のみ）となる空間を**単連結**(simply connected)であるという．複素平面の領域で単連結ならば，その上での正則関数に対し，Cauchy の積分定理が成立するということを知っている読者も多いであろう．

例題 3.6 群 $\pi_1(X, x_0)$ の単位元は，どのような連続写像
$$f : (I, \partial I) \longrightarrow (X, x_0)$$
で代表されるか？

[解] すべての $s \in I^1$ に対して，$f_0(s) = x_0$ と定める定値写像 f_0 が代表する．なぜならば，かってな $f : (I, \partial I) \to (X, x_0)$ に対し，$f_0 \cup f$ も $f \cup f_0$ も f とホモトピックになることは，例えば $f_0 \cup f$ は半分の時間は止まっていて，残りの半分の時間で急いで f として動くものであるから，止まっている時間をだんだんに減らすというホモトピー f_t でつなぐことができるからである（$t \in I^1$ を時間と考えている）． ∎

例題 3.7 $f : (I, \partial I) \to (X, x_0)$ が代表する元 α に対して，群の逆元 α^{-1} はどのような写像で代表されるか？

[解] $1/2$ を真ん中にして，0 を 1 に，1 を 0 に写す反転を σ と書く．そのとき，$f \circ \sigma : (I^1, \partial I^1) \to (X, x_0)$ が，α^{-1} を代表する．なぜならば，$f \cup (f \circ \sigma)$ および $(f \circ \sigma) \cup f$ が，定値写像 f_0 とホモトピックになることは，引き返す地点をだんだんに手前にするというホモトピーでつなぐことができるからである． ∎

例 3.8 1 対 1 同型
$$[(I^1, \partial I^1), (S^1, x_0)] \cong \mathbb{Z}$$
が存在することを例 1.7 が示している．結合の回転数は回転数の和となるので，群としての同型
$$\pi_1(S^1) \cong \mathbb{Z}$$
が成り立つ． ∎

例 3.9
$$\pi_1(D^n) \cong \{1\} \quad (n \geqq 0), \qquad \pi_1(S^n) \cong \{1\} \quad (n \geqq 2)$$

なぜならば，$\pi_1(D^n)$ を代表する写像と，すべての点を D^n の中心に写す定値写像のホモトピーは，t $(t\in[0,1])$ 倍という写像にすればよいからである．また，$n \geq 2$ なら，$(I, \partial I)$ から (S^n, x_0) の写像に対し，それをホモトピーで少し動かし，その像が x_1 を決して通らないように，$x_1 (\neq x_0) \in S^n$ をとることができる．$S^n - x_1$ は，D^n の内部と位相同型であり，$\pi_1(S^n) = \{1\}$ の証明は D^n の場合に帰着．　□

例 3.10 空間 X を記号の ∞，すなわち，2つの O を1点でくっつけたもの，x_0 は(どこでも同じだが) ∞ の中心(4辻交差点)，すなわち，くっつけた点とする．今，左側の O だけを1まわりする S^1 からの写像のホモトピー類を α $(\alpha \in \pi_1(\infty))$，右側の O だけを1まわりする S^1 からの写像のホモトピー類を β $(\beta \in \pi_1(\infty))$ とする(図 3.1)．このとき，

$$\pi_1(\infty) \cong \alpha \text{ と } \beta \text{ で生成される自由群}$$

つまり，$\pi_1(\infty)$ のすべての元は

$$\alpha^{a_1}\beta^{b_1}\alpha^{a_2}\beta^{b_2}\cdots\alpha^{a_k}\beta^{b_k}$$

と表される．$\alpha\beta \neq \beta\alpha$ で，可換ではない．　□

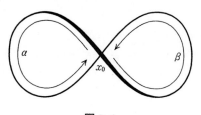

図 3.1

例 3.11

$$\pi_1(S^1 \times S^1) \cong \mathbb{Z} \oplus \mathbb{Z}$$

第1の S^1 を1まわりする S^1 からの写像のホモトピー類 α が第1項の $\mathbb{Z}$ の生成元，第2の S^1 を1まわりする S^1 からの写像のホモトピー類 β が第2項の $\mathbb{Z}$ の生成元となる．$\alpha\beta = \beta\alpha$ となることは，次のように考えるとやさしい．$S^1 \times S^1$ はトーラス(例 2.15)と位相同型で，正方形 I^2 の上端と下端，左端と右端の線分を，それぞれ平行移動してくっつけた空間でもある．I^2 の境界をぐるりと1まわりする S^1 からの写像が，$\alpha\beta\alpha^{-1}\beta^{-1}$ を代表する．これは

I^2 の中心への定値写像とホモトピックであるから,群の単位元となる. □

§3.3 ホモトピー群

$n \geqq 2$ の場合も,$n = 1$ の場合と全く同様に,
$$I^n = ([0, 1/2] \cup [1/2, 1]) \times I^{n-1} \cong (I \cup I) \times I^{n-1}$$
という分解および位相同型を用いて,集合 $[(I^n, \partial I^n), (X, x_0)]$ に群としての結合を定めることができる. すなわち,
$$f_i : (I^n, \partial I^n) \longrightarrow (X, x_0) \quad (i = 1, 2)$$
に対して,
$$f_1 \cup f_2 : (I^n, \partial I^n) \longrightarrow (X, x_0)$$
が定まり,これにより,$\alpha_1, \alpha_2 \in [(I^n, \partial I^n), (X, x_0)]$ に対して,結合 $\alpha_1 \cdot \alpha_2 \in [(I^n, \partial I^n), (X, x_0)]$ が定まる. この群を $\pi_n(X, x_0)$,または,単に $\pi_n(X)$ と書き,空間 (X, x_0),または,空間 X の **n 次元ホモトピー群**(homotopy group)という. $n \geqq 2$ であるすべての n について,これが可換群となるというのが次の定理である.

定理 3.12 $n \geqq 2$ ならば,任意の n,任意の $\alpha_1, \alpha_2 \in [(I^n, \partial I^n), (X, x_0)]$ に対して,$\alpha_1 \cdot \alpha_2 = \alpha_2 \cdot \alpha_1 \in [(I^n, \partial I^n), (X, x_0)]$. すなわち,$\pi_n(X, x_0)$ は可換群である.

[証明] $n = 2$ の場合の証明をする. $n > 2$ の場合も証明は変わらない.
$$\begin{aligned} I^2 &= ([0, 1/2] \times [1/2, 1]) \times I \\ &= ([0, 1/2] \cup [1/2, 1]) \times ([0, 1/2] \cup [1/2, 1]) \end{aligned}$$
と書くことができる. すなわち,
$$I_{11} = [0, 1/2] \times [0, 1/2], \quad I_{12} = [0, 1/2] \times [1/2, 1],$$
$$I_{21} = [1/2, 1] \times [0, 1/2], \quad I_{22} = [1/2, 1] \times [1/2, 1]$$
とおくと,
$$I^2 = \begin{pmatrix} I_{11} & I_{12} \\ I_{21} & I_{22} \end{pmatrix}$$
$\alpha_1 \cdot \alpha_2$ は,

$$f_1 \cup f_2 = \begin{cases} f_1 & (I_{11} \cup I_{21} \text{ 上}) \\ f_2 & (I_{12} \cup I_{22} \text{ 上}) \end{cases}$$

で定義された．ところが，ホモトピーで動かして，f_1 は下半分 I_{21} で x_0 を値とする定値写像，f_2 は上半分 I_{12} で x_0 を値とする定値写像とすることができる．定値写像を $*$ と表すと，

$$f_1 \cup f_2 = (\; f_1 \;\; f_2\;) \simeq \begin{pmatrix} f_1 & * \\ * & f_2 \end{pmatrix}$$

I^2 と D^2 を位相同型で同じものと考え，回転

$$\begin{pmatrix} f_1 & * \\ * & f_2 \end{pmatrix} \circ \begin{pmatrix} \cos \pi t & \sin \pi t \\ -\sin \pi t & \cos \pi t \end{pmatrix}$$

を行うと，連続的に $\begin{pmatrix} f_2 & * \\ * & f_1 \end{pmatrix}$ に移り，これは，$f_2 \cup f_1$ とホモトピックである．以上より，$f_1 \cup f_2 \simeq f_2 \cup f_1$ すなわち，

$$\alpha_1 \cdot \alpha_2 = \alpha_2 \cdot \alpha_1 \in \pi_n(X, x_0)$$

が示された． ∎

このようにして，n 次元ホモトピー群 $\pi_n(X)$ $(n \geqq 2)$ は可換群であるが，X が単連結なセル複体のとき，$\pi_n(X, x_0)$ は有限生成の可換群となり，無限巡回群 $\mathbb{Z}$ と有限巡回群 $\mathbb{Z}/(p_i)$ のいくつずつかの直和と同型な群となる．

いくつかの例を見よう．

例 3.13

$$\pi_n(D^k) = 0 \quad (k \geqq 0), \qquad \pi_n(S^1) = 0 \quad (n \geqq 2),$$
$$\pi_n(S^n) \cong \mathbb{Z}, \qquad \pi_n(S^k) = 0 \quad (n < k),$$
$$\pi_n(\text{アルファベットの A, B, } \cdots, \text{Z}) = 0 \quad (n \geqq 2)$$

例えば，$\pi_n(S^1) = 0 \;(n \geqq 2)$ を示すには，S^1 を $\mathbb{R}$ の整数差の点どうしを同じ点とみなしたものと考えると，$n \geqq 2$ に対し，$\pi_n(S^1) \cong \pi_n(\mathbb{R})$ を示すことができて，結論を得る． □

例 3.14
$$\pi_n(S^1 \times S^1) = 0 \quad (n \geq 2)$$
$S^1 \times S^1$ も $\mathbb{R}^2$ の整数差の点の組どうしを同じものとみなしたものと考えると，$n \geq 2$ に対し，$\pi_n(S^1 \times S^1) \cong \pi_n(\mathbb{R}^2)$ を示すことができ，結論を得る． □

例 3.15
$$\pi_3(S^2) \cong \mathbb{Z}$$
この生成元 $1 \in \mathbb{Z}$ を代表する Hopf の写像 $f: S^3 \to S^2$ はファイバー束の射影として，第 8 章で登場するであろう． □

§3.4 ホモトピー群のホモトピー不変性

2 つの位相空間対 (X, x_0), (Y, y_0) の間の写像
$$f: (X, x_0) \longrightarrow (Y, y_0)$$
は，$g: (I^n, \partial I^n) \to (X, x_0)$ のホモトピー類に対し，$f \circ g: (I^n, \partial I^n) \to (Y, y_0)$ を対応させることにより，自然な写像
$$f_*: [(I^n, \partial I^n), (X, x_0)] \longrightarrow [(I^n, \partial I^n), (Y, y_0)]$$
を引き起こす．これを，群の間の写像
$$f_*: \pi_n(X, x_0) \longrightarrow \pi_n(Y, y_0)$$
とみなすと，群準同型写像であることは，定義からほぼ明らかである．

2 つの位相空間対 (X, x_0), (Y, y_0) のホモトピー同値の定義(§1.3 参照)を思い出せば，次の定理は明らかである．

定理 3.16(ホモトピー群のホモトピー不変性) 2 つの位相空間対 (X, x_0), (Y, y_0) がホモトピー同値ならば，すべての n に対して，群の同型
$$\pi_n(X, x_0) \cong \pi_n(Y, y_0)$$
が存在する． □

連結な位相空間 X が非常に良い形(等質的，例えば多様体)ならば，任意の 2 点 x_0, x_1 に対して，位相同型写像 $h: (X, x_0) \to (X, x_1)$ が存在する．したがって，2 つの基点をもった位相空間 (X, x_0) と (X, x_1) は位相同型となり，特にホモトピー同値だから，群の同型

$$\pi_n(X, x_0) \cong \pi_n(X, x_1)$$

が,すべての n に対して存在する.

また,連結な位相空間 X が等質的でなくても,セル複体ならば,任意の2点 x_0, x_1 に対して,2つの基点をもった位相空間 (X, x_0) と (X, x_1) はホモトピー同値となり,群の同型

$$\pi_n(X, x_0) \cong \pi_n(X, x_1)$$

が,すべての n に対して存在する.しかし,このホモトピー同値性の証明には準備を必要とするので,ここでは,ホモトピー群の同型を直接示そう.

定理 3.17 X が連結な位相空間ならば,X の任意の2点 x_0, x_1,すべての自然数 n に対して,群の同型

$$\pi_n(X, x_0) \cong \pi_n(X, x_1)$$

が存在する.

[証明] x_0 と x_1 を連続な曲線 $x_t \in X$ $(t \in [0,1])$ でつなぐ.I^n の境界をこの曲線にそって写す写像で変化させることにより,自然にすべての $t \in [0,1]$ に対して,準同型

$$h_t : \pi_n(X, x_0) \longrightarrow \pi_n(X, x_t)$$

が定義される.同様に

$$\hat{h}_t : \pi_n(X, x_t) \longrightarrow \pi_n(X, x_0)$$

も定まり,

$$h_1 \circ \hat{h}_1 = id, \quad \hat{h}_1 \circ h_1 = id$$

が成立する. ∎

《要約》

3.1 基点をもった空間への,線分とその境界の対からの写像のホモトピー類全体には群構造が入り,基本群という.

3.2 基本群が単位元のみからなる群となる空間を,単連結な空間という.

3.3 I^n とその境界の対からの写像のホモトピー類全体は,$n \geq 2$ のとき可換群となり,n 次元ホモトピー群とよばれる.

―――― **演習問題** ――――

3.1 $\pi_n(S^k) = 0 \ (n < k)$ を示せ.

3.2 研究課題. 実射影平面 $P^2(\mathbb{R})$ に対し $\pi_1(P^2(\mathbb{R}))$ を求めよ.

3.3 研究課題. 2人乗り浮き袋を M_2 で表すとき, $\pi_1(M_2)$ を求めよ.

ホモロジー群

いよいよホモロジー群である．ホモロジー群の公理を先に与える．抽象的に考えることの好きな読者にとっては，非常にすっきりしてわかりやすいであろう．具体的なものが好きな読者は流し読みをしても，次章の単体的複体のホモロジー群の計算を実行しているうちに，公理の良さがわかるであろう．実際に，偉い数学者達何人もがいろいろ計算で苦労して，このような公理ができあがったのが歴史なのだから．公理を満たすホモロジー群の存在は直接証明しないが，それは完成された理論が存在するから，読者は安心してよい．

§4.1 ホモロジー群

図形 X に対して，可換群 $h_p(X)$ $(p=0,1,2,\cdots)$ の集まりと，したがってその直和 $h_*(X) = \sum_{p=0}^{\infty} h_p(X)$ が定まり，X と X' がホモトピー同値な図形ならば(位相同型であるならばもちろんであるが)，各 p に対して，
$$h_p(X) \cong h_p(X') \quad (\text{群としての同型})$$
がつねに成り立つという，**ホモロジー群**(homology group)とよばれるものが存在する．それゆえ，どれかの p に対して，X と X' のホモロジー群 $h_p(X)$ と $h_p(X')$ が同型でない群ならば，X と X' はホモトピー同値でない．よって位相同型でもないということが結論される．ホモロジー群は基本的な位相不

変量であるといってよいだろう.

このようなホモロジー群 $h_* = \sum_{p=0}^{\infty} h_p$ はいろいろあり，特に1点のみの空間 pt に対しての0次元ホモロジー群 $h_0(pt)$ としてでてくる可換群 G はさまざまである．$h_0(pt) \cong G$ のとき，$h_p(X)$ は $H_p(X;G)$ と書かれ，$h_*(X) = \sum_{p=0}^{\infty} h_p(X)$ は $H_*(X;G) = \sum_{p=0}^{\infty} H_p(X;G)$ と書かれる．$H_*(X;G)$ は G を係数とする X のホモロジー群とよばれる．逆に，任意の可換群 G に対して，$h_0(pt) \cong G$ となるホモロジー群 $h_* = \sum_{p=0}^{\infty} h_p$ が存在する．

可換群(アーベル群) G というと，どのような群を考えるだろうか．有限生成な可換群は，$\mathbb{Z}$(無限巡回群)または $\mathbb{Z}_q$ (q 次巡回群，q は素数)のいくつかの直和であることが，群論の有名な定理(可換群の基本定理)として知られている．有限生成でない可換群はいろいろあるが，実数 $\mathbb{R}$，有理数 $\mathbb{Q}$，複素数 $\mathbb{C}$ などが，その例である．したがって，ホモロジー群として，$H_*(X;\mathbb{Z})$, $H_*(X;\mathbb{Z}_q)$, $H_*(X;\mathbb{R})$, … 等いろいろ考えられるわけである．後の章で説明するように，すべての可換群 G に対して，$H_*(X;G)$ は，$H_*(X;\mathbb{Z})$ から代数的に計算される(普遍係数定理)．よって，最も基本的なものは，$H_*(X;\mathbb{Z})$ ということになるが，$H_*(X;\mathbb{R})$ 等の方が計算しやすい場合が多い．

可換群 G に対して，ホモロジー群 $H_p(X;G)$ も可換群である．この本では，X として(有限)セル複体のみを扱うから，G が有限生成ならば，$H_p(X;G)$ も有限生成の可換群となり，$H_p(X;\mathbb{Z})$ は $\mathbb{Z}$ と $\mathbb{Z}_q$ のいくつずつかの直和の群と等しい．それぞれの個数の違いが，空間 X の位相の違いを表す．ちなみに，無限生成群である実数 $\mathbb{R}$ を係数とするホモロジー $H_p(X;\mathbb{R})$ は，$\mathbb{R}$ のいくつかの直和の群と等しくなる．

実際，ホモロジー群 $h_*(X) = \sum_{p=0}^{\infty} h_p(X)$ の定義の方法はいろいろあるが，

（a） $h_0(pt)$ が等しい2つのホモロジー群は，任意のセル複体 X について，すべての p に対して，$h_p(X)$ が等しくなる．

（b） 定義をしても，定義からの直接的な計算は難しい．

という2つの理由から，1つの簡単な定義を後に与えることとし，ここでは，どの定義をしても成り立つべき基本的性質を公理として認めるところから出

発する.

§4.2 ホモロジー群の公理

X を位相空間とし，A をその部分位相空間とするとき，(X, A) で位相空間の対を表し，位相空間対といった(§1.3 参照). $A = \emptyset$ のとき，(X, A) は，単に X と書くことにした．すべての (X, A) のホモロジー群を定めれば，もちろん $(X, \emptyset) = X$ のホモロジー群も定まってしまい，また，X のホモロジー群の定義は，(X, A) という位相空間対のホモロジー群の定義まで考えることにより明快となる．

2つの位相空間 A, B があると，位相空間対 $(B, B \cap A)$ と $(A \cup B, A)$ が定まる．包含写像 $i : B \to A \cup B$ は，$i(B \cap A) \subset A$ を満たすから，位相空間対の写像
$$i : (B, B \cap A) \longrightarrow (A \cup B, A)$$
を定める．

可換群とその間の準同型のなす長い系列
$$\cdots \longrightarrow G_{p+1} \xrightarrow{f_{p+1}} G_p \xrightarrow{f_p} G_{p-1} \xrightarrow{f_{p-1}} G_{p-2} \longrightarrow \cdots$$
が，**完全系列**(exact sequence)であるとは，すべての p に対して，
$$\mathrm{Ker}\, f_p = \mathrm{Im}\, f_{p+1}$$
が成立することである($\mathrm{Ker}\, f_p$ は f_p で 0 に写される元全体，$\mathrm{Im}\, f_{p+1}$ は f_{p+1} で写された像全体のこと)．

すべての係数の場合も含めて，ホモロジー群の性質を述べるために，p 次元ホモロジー群を小文字の h_p で表す．p は $0, 1, 2, \cdots$ を考えるが，p が負のときには，$h_p(X)$ はすべて 0 に等しい，と考えることにより，$p \in \mathbb{Z}$ と考えてもよい．

我々は位相空間対として常にセル複体の対を考えていることを思い出しておこう．

公理 4.1 ホモロジー群 $h_* = \sum_{p=0}^{\infty} h_p$ とは，位相空間対 (X, A) に対して，可換群 $h_p(X, A)$ $(p = 0, 1, 2, \cdots)$ が定められて，次の性質を満たすものである．

（1） 勝手な連続写像 $f : (X, A) \to (X', A')$ と，すべての p に対して
$$f_* : h_p(X, A) \longrightarrow h_p(X', A')$$
という可換群の準同型が定まっており，恒等写像 $id : (X, A) \to (X, A)$ に対して
$$id_* : h_p(X, A) \longrightarrow h_p(X, A)$$
はつねに可換群の間の恒等写像に等しい．また，$g : (X', A') \to (X'', A'')$ に対して合成 $g \circ f : (X, A) \to (X'', A'')$ が定まるが
$$(g \circ f)_* = g_* \circ f_* : h_p(X, A) \longrightarrow h_p(X'', A'')$$
が成立する．さらに，f と f' が $(X, A) \to (X', A')$ の連続写像としてホモトピック ($f \simeq f' : (X, A) \to (X', A')$) ならば，
$$f_* = f'_* : h_p(X, A) \longrightarrow h_p(X', A')$$

（2） 位相空間対 (X, A) に対して，**境界準同型**(boundary homomorphism) あるいは**連結準同型**(connecting homomorphism)
$$\partial_p (単に \partial と書くこともある): h_p(X, A) \longrightarrow h_{p-1}(A)$$
とよばれる準同型が，すべての p に対して定められている．この境界準同型は，任意の連続写像 $f : (X, A) \to (X', A')$ と，任意の p に対し，$\partial \circ f_* = (f|_A)_* \circ \partial$．すなわち，次の図式が可換である．

$$\begin{array}{ccc} h_p(X, A) & \xrightarrow{f_*} & h_p(X', A') \\ \downarrow \partial & & \downarrow \partial \\ h_{p-1}(A) & \xrightarrow{(f|_A)_*} & h_{p-1}(A') \end{array}$$

（3）**切除公理** 包含写像 $i : (B, B \cap A) \to (A \cup B, A)$ の引き起こす準同型
$$i_* : h_p(B, B \cap A) \longrightarrow h_p(A \cup B, A)$$
は，すべての p に対して同型である．

（4）**完全公理** 位相空間対 (X, A) と自然な包含写像 $i : A \to X$, $j : X = (X, \emptyset) \to (X, A)$ に対して，長い系列

$$\cdots \longrightarrow h_{p+1}(A) \xrightarrow{i_*} h_{p+1}(X) \xrightarrow{j_*} h_{p+1}(X,A) \xrightarrow{\partial_{p+1}} h_p(A) \xrightarrow{i_*} h_p(X) \longrightarrow \cdots$$

は完全系列である．

(5) **次元公理** 1点のみからなる位相空間 pt に対しては，$p \geqq 1$ のとき
$$h_p(pt) = 0$$

これで公理はおしまい． □

$h_0(pt) = G$ となる G を，**ホモロジー群の係数群**という．セル複体対 (X,A) に対しては，係数群 G を固定したとき，公理を満たすホモロジー群 $h_*(X,A) = \sum_{p=0}^{\infty} h_p(X,A)$ は，ただ1つしかないことが証明されるが，それは，以下の節で示すいろいろな空間のホモロジー群の計算法から推察できるであろう．G を係数とするホモロジー群を

$$h_p(X,A) = H_p(X,A;G)$$
$$h_*(X,A) = H_*(X,A;G) = \sum_{p=0}^{\infty} H_p(X,A;G)$$

と書く．

h_* について，(1)から(4)までの公理を満たすが，(5)を満たさない，すなわちある $p \neq 0$ に対して $h_p(pt) \neq 0$ となったり，$p < 0$ でも $h_p(X,A) \neq 0$ となったりする h_* を**一般ホモロジー**(generalized homology)といい，K 理論など重要なものがあるが，本書では一般ホモロジー群は扱わない．

例 4.2 任意の X とすべての p に対し，
$$h_p(X,X) = 0$$

なぜなら，位相空間対 (X,X) の長い系列

$$\cdots \longrightarrow h_{p+1}(X) \xrightarrow{i_*} h_{p+1}(X) \xrightarrow{j_*} h_{p+1}(X,X) \xrightarrow{\partial_{p+1}} h_p(X) \xrightarrow{i_*} h_p(X) \longrightarrow \cdots$$

は，公理(4)より，完全である．包含写像 $i: X \to X$ は，恒等写像 $id: X \to X$ に等しいから，すべての p に対し，$i_* = id : h_p(X) \to h_p(X)$．完全性より，$j_* : h_{p+1}(X) \to h_{p+1}(X,X)$ は 0 写像，$\partial_{p+1} : h_{p+1}(X,X) \to h_p(X)$ も 0 写像．

よって，$h_p(X,X) = 0$. □

§4.3 公理からすぐでてくること

(a) ホモトピー不変性

公理の結論として，次のホモロジー群のホモトピー不変性(homotopy invariance)が導かれる．

定理4.3 $f:(X,A) \to (X',A')$ がホモトピー同値写像ならば，すべての p に対して，$f_*: H_p(X,A) \to H_p(X,A')$ は同型である．

[証明] f がホモトピー同値写像だから $g:(X',A') \to (X,A)$ が存在して，$g \circ f \cong id$, $f \circ g \cong id$ である．公理(1)より

$$g_* \circ f_* = id : H_p(X,A) \longrightarrow H_p(X,A)$$
$$f_* \circ g_* = id : H_p(X',A') \longrightarrow H_p(X',A')$$

したがって，f_* と g_* は可換群の同型を与える． ■

(b) 商空間のホモロジー

位相空間対 (X,A) に対し，A のすべての点を同じ点とみなした商空間を X/A と書き，A の定める X/A の点を pt と書く．(X,A) がセル複体対のとき，公理 4.1(3) 切除公理から次が導かれる．

定理4.4 (X,A) をセル複体対とする．そのときすべての p に対して，群同型

$$h_p(X,A) \cong h_p(X/A, pt)$$

が成立する．

[証明] 積空間 $A \times I$ とある1点 $*$ に対し，$f: A \times \{0\} \to *$ を定値写像とする．接着空間

$$CA = * \bigcup_f (A \times I)$$

は，A のコーン(cone)とよばれ，1点とホモトピー同値な空間であり，$A \subset$

CA とみなす.この CA を1点につぶすホモトピーは,和空間 $X \cup CA$ の中で,CA を1点につぶすホモトピーに拡張できるから(セル複体対のとき,これは可能),位相空間対のホモトピー同値

$$\left(X \underset{A}{\cup} CA, CA\right) \simeq (X/A, pt)$$

が存在する.切除公理より,

$$h_p(X, X \cap CA) \cong h_p\left(X \underset{A}{\cup} CA, CA\right)$$

$X \cap CA = A$ より,$(X, X \cap CA) = (X, A)$.ホモロジー群のホモトピー不変性より,結論を得る. ∎

(c) 簡約ホモロジー群

位相空間 X のホモロジー群 $h_*(X) = \sum_{p=0}^{\infty} h_p(X)$ と,X と X の 1 点 x_0 の対 (X, x_0) のホモロジー群 $h_*(X, x_0) = \sum_{p=0}^{\infty} h_p(X, x_0)$ は,(ホモトピー群の場合と違って)等しくない.

定理 4.5 次が成立する.

$$h_0(X) \cong h_0(X, x_0) \oplus h_0(x_0)$$
$$h_p(X) \cong h_p(X, x_0) \quad (p > 0)$$

[証明] 完全系列

$$\cdots \longrightarrow h_p(x_0) \xrightarrow{i_*} h_p(X) \xrightarrow{j_*} h_p(X, x_0) \xrightarrow{\partial_p} h_{p-1}(x_0) \longrightarrow \cdots$$

において,

$$h_p(x_0) = 0 \quad (p > 0), \qquad h_0(x_0) \cong G$$

が成立しているから,$h_p(X) \cong h_p(X, x_0)$ $(p \geqq 2)$ が導かれる.また,定値写像 $f: X \to x_0$ は,準同型 $f_*: h_0(X) \to h_0(x_0)$ を引き起こすが,$f \circ i = id: x_0 \to x_0$ だから,

$$f_* \circ i_* = id: h_0(x_0) \longrightarrow h_0(x_0)$$

したがって i_* は単射となり,短い完全系列

$$0 \longrightarrow h_0(x_0) \xrightarrow{i_*} h_0(X) \xrightarrow{j_*} h_0(X, x_0) \longrightarrow 0$$

を得,さらに f_* の存在より,

$$h_0(X) \cong h_0(X, x_0) \oplus h_0(x_0)$$

を得る.また, $h_p(x_0) = 0$ $(p \geqq 1)$ より, $h_1(X) \cong h_1(X, x_0)$ も成立する.∎

いま, $\tilde{h}_p(X) \equiv h_p(X, x_0)$ とおくと, $h_*(X, x_0) = \sum_{p=0}^{\infty} h_p(X, x_0)$ は,

$$\tilde{h}_*(X) = \sum_{p=0}^{\infty} \tilde{h}_p(X)$$

と書かれ, $\tilde{h}_*(X)$ を, X の**簡約ホモロジー群**(reduced homology group)という.定理より

$$\tilde{h}_0(X) \oplus h_0(x_0) \cong h_0(X), \qquad \tilde{h}_p(X) \cong h_p(X) \quad (p > 0)$$

例 4.6 1点の簡約ホモロジー群.

$\tilde{h}_*(x_0) = 0$, すなわち,すべての p に対して, $\tilde{h}_p(x_0) = 0$. □

簡約ホモロジー群 $\tilde{h}_p(X)$ は,定値写像 $f: X \to x_0$ の引き起こす準同型 $f_*: h_p(X) \to h_p(x_0)$ の核 $\operatorname{Ker} f_*$ と定めてもよい.

位相空間対の簡約ホモロジー群 $\tilde{h}_*(X, A)$ は,そのまま

$$\tilde{h}_*(X, A) \equiv h_*(X, A)$$

と定義する.勝手な連続写像 $f: (X, A) \to (X', A')$ に対し,簡約ホモロジーの準同型

$$\tilde{f}_*: \tilde{h}_p(X, A) \longrightarrow \tilde{h}_p(X', A')$$

は, f_* の制限とし,境界準同型

$$\tilde{\partial}: \tilde{h}_p(X, A) \longrightarrow \tilde{h}_{p-1}(A)$$

は,ホモロジー群の境界準同型 ∂ の制限と定める(ことができる).次の命題は,0次元のところさえ注意深くしらべれば,すぐ示すことができる.

命題 4.7 簡約ホモロジー群の長い系列

$$\cdots \longrightarrow \tilde{h}_{p+1}(A) \xrightarrow{\tilde{i}_*} \tilde{h}_{p+1}(X) \xrightarrow{\tilde{j}_*} \tilde{h}_{p+1}(X, A) \xrightarrow{\tilde{\partial}_{p+1}} \tilde{h}_p(A) \xrightarrow{\tilde{i}_*} \tilde{h}_p(X) \longrightarrow \cdots$$

は完全系列である. □

(d) 球面のホモロジー群

n次元球体D^nは1点とホモトピー同値だから,すべてのpに対して
$$\tilde{h}_p(D^n) = 0$$
すなわち,
$$H_p(D^n; G) = 0 \quad (p > 0), \quad H_0(D^n; G) \cong G$$
n次元球面($n \geqq 0$)のホモロジー群も計算できてしまう.

命題 4.8 すべてのn $(n \geqq 0)$に対し,
$$\tilde{h}_p(S^n) \cong \begin{cases} G & (p = n) \\ 0 & (p \neq n) \end{cases}$$

[証明] まず,$S^0 = \{x_0, x_1\}$(2点)のホモロジー群を計算しよう.公理4.1 (3)切除公理より,
$$h_p(x_1, \varnothing) \cong h_p(S^0, x_0) \quad (p \geqq 0)$$
位相空間対(S^0, x_0)に対する,長い完全系列
$$\cdots \longrightarrow h_p(x_0) \xrightarrow{i_*} h_p(S^0) \xrightarrow{j_*} h_p(S^0, x_0) \xrightarrow{\partial_p} h_{p-1}(x_0) \longrightarrow \cdots$$
と,$h_p(x_0) = 0$ $(p>0)$,$h_0(x_0) \cong G$より,
$$h_0(S^0) \cong G \oplus G, \qquad h_p(S^0) = 0 \quad (p > 0)$$
すなわち,
$$\tilde{h}_0(S^0) \cong G, \qquad \tilde{h}_p(S^0) = 0 \quad (p > 0)$$
を得る.また,商空間$D^n/\partial D^n$はS^nと位相同型だから,
$$\tilde{h}_p(S^n) = h_p(S^n, pt) \cong h_p(D^n, \partial D^n) \cong \tilde{h}_p(D^n, \partial D^n)$$
位相空間対$(D^n, \partial D^n) = (D^n, S^{n-1})$に対する簡約ホモロジー群の長い完全系列
$$\cdots \longrightarrow \tilde{h}_p(D^n) \xrightarrow{\tilde{j}_*} \tilde{h}_p(D^n, \partial D^n) \xrightarrow{\tilde{\partial}_p} \tilde{h}_{p-1}(S^{n-1}) \xrightarrow{\tilde{i}_*} \tilde{h}_{p-1}(D^n) \longrightarrow \cdots$$
より,
$$\tilde{h}_p(S^n) \cong \tilde{h}_{p-1}(S^{n-1})$$

となり, $p=1,2,\cdots$ と順に考えて, 結論を得る. ∎

例 4.9 アルファベット O からアルファベット O への写像として, f_0 は O のすべての点を O の一番上の点 x_0 に対応させる写像, f_1 は O から O への恒等写像とする. このとき, 公理 4.1(1) $id_* = id$ より, すべての p に対して,
$$(f_1)_* = id : H_p(O;G) \longrightarrow H_p(O;G)$$
一方, $i : x_0 \to O$ を自然な埋め込みとすると, $f_0 = i \circ f_0$ だから
$$(f_0)_* : H_p(O;G) \longrightarrow H_p(O;G)$$
の像は, 公理 4.1(1) $(g \circ f)_* = g_* \circ f_*$ より,
$$i_* : H_p(x_0;G) \longrightarrow H_p(O;G)$$
の像に含まれる. 次元公理より,
$$H_1(x_0;G) = 0$$
O は S^1 と位相同型だから,
$$H_1(O;G) \cong G$$
したがって,
$$(f_0)_* \neq (f_1)_* : H_1(O;G) \longrightarrow H_1(O;G)$$
となり, 公理 4.1(1) より, f_0 と f_1 はホモトピックではない. □

省察 公理がどのように使われて一般次元の球面のホモロジー群が計算できたのか, 考え直してみよう. 1 点のホモロジー群が出発点である. 球面 S^0 は 2 点で, 位相空間対 (S^0, x_0) に対する完全系列と切除公理を $S^0 = x_0 \cup x_1$ に適用して, S^0 のホモロジー群を決定した. また, ホモトピー不変性より, 球体 D^n のホモロジー群がわかる. 位相空間対 (D^n, S^{n-1}) の完全系列により, $S^n = D^n/S^{n-1}$ のホモロジー群が計算できた. このように位相空間対の完全系列が, 新しい空間のホモロジー群の計算を生産する.

(e) 3 対のホモロジー完全系列

少し長い, しかし楽しい図式追跡を必要とするが, やはり, 公理を使うことだけで 3 対のホモロジー完全系列を得ることができ, いろいろ後に役に立つ.

§4.3 公理からすぐでてくること —— 41

3つの位相空間 X, A, B が $X \supset A \supset B$ という関係にあったとする. そのときホモロジー論の公理より次の3つの完全系列がある.

$$\cdots \longrightarrow h_{p+1}(X) \xrightarrow{j_*} h_{p+1}(X,A) \xrightarrow{\partial_{p+1}} h_p(A) \xrightarrow{i_*} h_p(X) \longrightarrow \cdots$$

$$\cdots \longrightarrow h_{p+1}(X) \xrightarrow{j'_*} h_{p+1}(X,B) \xrightarrow{\partial'_{p+1}} h_p(B) \xrightarrow{i'_*} h_p(X) \longrightarrow \cdots$$

$$\cdots \longrightarrow h_{p+1}(A) \xrightarrow{j''_*} h_{p+1}(A,B) \xrightarrow{\partial''_{p+1}} h_p(B) \xrightarrow{i''_*} h_p(A) \longrightarrow \cdots$$

自然な包含写像
$$\bar{i} : (A,B) \longrightarrow (X,B), \qquad \bar{j} : (X,B) \longrightarrow (X,A)$$
は, 群準同型
$$\bar{i}_* : h_*(A,B) \longrightarrow h_*(X,B), \qquad \bar{j}_* : h_*(X,B) \longrightarrow h_*(X,A)$$
を定める.
$$\bar{\partial}_{p+1} : h_{p+1}(X,A) \longrightarrow h_p(A,B)$$
を, 合成 $\bar{\partial}_{p+1} = j''_* \circ \partial_{p+1} : h_{p+1}(X,A) \xrightarrow{\partial_{p+1}} h_p(A) \xrightarrow{j''_*} h_p(A,B)$ で定義する.
このとき, 次の3対(triple) (X,A,B) のホモロジー完全系列が成り立つ.

定理 4.10 長い列

$$\cdots \longrightarrow h_{p+1}(X,B) \xrightarrow{\bar{j}_*} h_{p+1}(X,A) \xrightarrow{\bar{\partial}_{p+1}} h_p(A,B) \xrightarrow{\bar{i}_*} h_p(X,B) \longrightarrow \cdots$$

は完全系列である.

[証明] 公理を何度も使う楽しいゲーム. 次の可換図式を用いるとよい.

$$\begin{array}{ccccc}
h_{p+1}(A) & \xrightarrow{i_*} & h_{p+1}(X) & & \\
\downarrow{j''_*} & & \downarrow{j'_*} & & \\
h_{p+1}(A,B) & \xrightarrow{\bar{i}_*} & h_{p+1}(X,B) & \xrightarrow{\bar{j}_*} & h_{p+1}(X,A) \\
& & \downarrow{\partial'_{p+1}} & & \downarrow{\partial_{p+1}} \\
& & h_p(B) & \xrightarrow{i''_*} & h_p(A) & \xrightarrow{i_*} & h_p(X) \\
& & & & \downarrow{j''_*} & & \downarrow{j'_*} \\
& & & & h_p(A,B) & \xrightarrow{\bar{i}_*} & h_p(X,B)
\end{array}$$

どうしても証明が面倒な人は，この定理を公理に採用してしまってもさしつかえない．

注意 一般の位相空間に対して，特異ホモロジー論，Čech のホモロジー論等が，公理を満たすホモロジー論として知られている．

《要約》

4.1 ホモロジー群の公理は，5つの条件から成る．
4.2 位相空間対のホモロジー群は，商空間の簡約ホモロジー群に等しい．
4.3 公理から，球面のホモロジー群が計算できる．
4.4 3対のホモロジー完全系列は，後に有用となる．

──────── 演習問題 ────────

4.1 研究課題．位相空間 X, X_1, X_2, A (ただし, $X_i \subset X$ $(i=1,2)$, $X = X_1 \cup X_2$, $A = X_1 \cap X_2$) に対し，自然な埋め込みを $h_i: A \to X_i$, $m_i: X_i \to X$ と書く．$\phi = (h_{1*}, h_{2*})$, $\psi = m_{1*} - m_{2*}$ とすると，**Mayer–Vietoris 完全系列**(Mayer-Vietoris exact sequence)とよばれる長い完全系列

$$\cdots \longrightarrow h_q(A) \xrightarrow{\phi} h_q(X_1) \oplus h_q(X_2) \xrightarrow{\psi} h_q(X) \longrightarrow h_{q-1}(A) \longrightarrow \cdots$$

が存在することを示せ．

4.2 p 次元球面 S^p の1点と q 次元球面 S^q の1点を，同じ点とみなした空間を $S^p \vee S^q$ と書く．Mayer–Vietoris 完全系列を用いて，$S^p \vee S^q$ のホモロジー群を求めよ．

5 セル複体のホモロジー群

　公理を満たすホモロジー群を，具体的なセル複体について計算をしてみよう．i 次元のホモロジー群は，i 次元のセルからできるチェインのうち境界作用素で 0 に写る輪体を，境界作用素の像で割った群として計算される．この境界作用素も，慣れればすぐに見えるものである．ただ，ここだけは（本書の方針には矛盾しているかもしれないが），論理性を重んじ，公理と直接対応の見える単体的複体（3 角形に分けられた空間）のホモロジー群の計算法を先に説明する．

　すなわち，単体的複体のホモロジー群の計算は，方針は明快．計算はややめんどう．セル複体としてのホモロジー群の計算法は，公理からすぐには見えない境界作用素の様子を知る必要があるが，慣れれば簡単，という図式が成立している．

　本章を読み終えた読者は，位相空間をセル複体と見なして，すいすいとホモロジー群の計算ができるだろう．

§5.1　セル複体のホモロジー群の計算法

　X を k 次元セル複体とする．X の q 切片を X^q と書いた（§2.4）．$n \leqq k$ に対して，3 対 (X^n, X^{n-1}, X^{n-2}) を考えると，3 対の完全系列

$$\cdots \longrightarrow h_n(X^n, X^{n-2}) \xrightarrow{\bar{j}_*} h_n(X^n, X^{n-1}) \xrightarrow{\bar{\partial}_n} h_{n-1}(X^{n-1}, X^{n-2}) \xrightarrow{\bar{i}_*} \cdots$$

が存在した．$n = 0, 1, 2, \cdots$ に対し，可換群 $\bar{C}_n(X)$ を
$$\bar{C}_n(X) \equiv h_n(X^n, X^{n-1})$$
で定義する．このとき，$\bar{C}_n = 0 \ (n < 0)$ であり，$n > k = \dim X$ ならば，$X^n = X^{n-1}$ だから，$\bar{C}_n(X) = 0 \ (n > k)$ が成立する．準同型 $\bar{\partial}_n$ は，
$$\bar{\partial}_n : \bar{C}_n(X) \longrightarrow \bar{C}_{n-1}(X)$$
とみなされる．

定理 5.1 X をセル複体とする．すべての $n \geqq 0$ に対し，
$$\bar{\partial}_{n-1} \circ \bar{\partial}_n = 0 : \bar{C}_n(X) \longrightarrow \bar{C}_{n-2}(X)$$
が成り立つ．

[証明] 3 対の完全系列で，$\bar{\partial}_n$ は $j_* \circ \partial_n$ で定義された．したがって，
$$\bar{\partial}_{n-1} \circ \bar{\partial}_n = j_* \circ \partial_{n-1} \circ j_* \circ \partial_n = j_* \circ (\partial_{n-1} \circ j_*) \circ \partial_n = 0$$
ところで，$\bar{C}_n(X)$ はどんな群であろうか？

答えはやさしい．

命題 5.2 セル複体 X の n 次元セルの数を q_n とする．そのとき，$h_0(pt) \cong G$ とすると，
$$\bar{C}_n(X) \cong G^{q_n} = \overbrace{G \oplus \cdots \oplus G}^{q_n \text{個}}$$

[証明] n 次元球面 S^n の 1 点を x_0 とする．q_n 個の S^n をとり，q_n 個の点 x_0 をすべて同じ点とみなした商空間を $S^n \vee \cdots \vee S^n$ と書き，S^n の**ブーケ** (bouquet) という．公理 4.1(3) 切除公理より，
$$h_n(X^n, X^{n-1}) \cong h_n(\bigcup \bar{e}_i^n, \bigcup \partial(\bar{e}_i^n)) \cong \tilde{h}_n(S^n \vee \cdots \vee S^n)$$
$q_n = 1$ から順に，帰納法で
$$\tilde{h}_n(S^n \vee \cdots \vee S^n) \cong G^{q_n}$$
を示すのはやさしい．

全く上と同じ証明で，次のことまで従う．

命題 5.3 セル複体 X に対して，次が成立する．
$$h_p(X^n, X^{n-1}) = 0 \quad (p \neq n)$$

この命題と，位相空間対 (X^n, X^{n-1}) の完全系列を用いることにより，次が成り立つ．ただし，$i : X^n \to X$ は，自然な包含写像である．

§5.1 セル複体のホモロジー群の計算法 —— 45

命題 5.4 セル複体 X に対して，
$$h_q(X^n) = 0, \qquad q > n$$
$$i_* : h_q(X^n) \longrightarrow h_q(X) \text{ は同型}, \qquad q < n \qquad \square$$

省察 ホモロジー群の公理のみを使って出てきたことであるが，上の命題はホモロジー群の基本的な性質を示している．q 次元ホモロジー群は，$q+1$ 次元の切片 X^{q+1} までを考えればよく，$q-1$ 以下の次元の切片 X^n ($n \leqq q-1$) では消えているということである．

一般論になるが，ここでチェイン複体のホモロジー群というものを説明しよう．同じホモロジーという名前がついているが，これは公理を与えるのではなく，代数的に計算するのである．

定義 5.5 可換群とその間の準同型からなる長い系列

$$\cdots \longrightarrow G_{p+1} \xrightarrow{f_{p+1}} G_p \xrightarrow{f_p} G_{p-1} \xrightarrow{f_{p-1}} G_{p-2} \longrightarrow \cdots$$

が，**チェイン複体**(chain complex)であるとは，すべての p に対し，$f_p \circ f_{p+1} = 0$，言いかえると，$\mathrm{Ker}\, f_p \supset \mathrm{Im}\, f_{p+1}$ が成立していることと定義する．このとき，f_p たちを**境界作用素**(boundary operator)という． $\square$

この条件は，完全系列の条件 $\mathrm{Ker}\, f_p = \mathrm{Im}\, f_{p+1}$ よりは，ゆるい．

脱線 セル複体の複体は，セルの複合体の意である．チェイン複体の複体は，$f_p \circ f_{p+1} = 0$ の境界作用素の存在が主となる．

定義 5.6 このチェイン複体を C と書くとき，チェイン複体 C の p 次元ホモロジー群 $h_p(C)$ を

$$h_p(C) = \mathrm{Ker}\, f_p / \mathrm{Im}\, f_{p+1}$$

で定義する． $\square$

完全系列とは，ホモロジー群がすべて消えているチェイン複体である，といいかえることもできる．

チェイン複体 C に対し，$\mathrm{Ker}\, f_p \subset G_p$ を $Z_p(C)$ と書き，p 次元**輪体群**(cycles)，または p 次元サイクル群といい，$\mathrm{Im}\, f_{p+1} \subset G_p$ を $B_p(C)$ と書き，p 次元**境界輪体群**(boundaries)という．したがって，ホモロジー群 $h_p(C)$ は

$$h_p(C) = Z_p(C)/B_p(C)$$

と書くこともできる.

k 次元セル複体 X に対して,長い系列

$$\bar{C}(X): \cdots \longrightarrow \bar{C}_{p+1}(X) \xrightarrow{\bar{\partial}_{p+1}} \bar{C}_p(X) \xrightarrow{\bar{\partial}_p} \bar{C}_{p-1}(X) \xrightarrow{\bar{\partial}_{p-1}} \bar{C}_{p-2}(X) \longrightarrow \cdots$$

は,$\bar{\partial}_{p+1} \circ \bar{\partial}_p = 0$ を満たすことを示したから,チェイン複体となる.よって,チェイン複体 $\bar{C}(X)$ のホモロジー群 $h_p(\bar{C}(X))$ が定まる.

次がセル複体のホモロジー群の基本的な定理である.

定理 5.7 すべての p に対し,次の自然な同型が存在する.
$$h_p(X) \cong h_p(\bar{C}(X))$$

左辺は(公理を満たしている)セル複体のホモロジー群,右辺はそのホモロジー群を使って計算できたセル複体のチェイン複体から,代数的に求めたホモロジー群である.

[証明] 横に 3 対 (X^{p+1}, X^p, X^{p-2}),縦に 3 対 (X^p, X^{p-1}, X^{p-2}) の完全系列を並べた可換な図式を考える.

$$0 = h_p(X^{p-1}, X^{p-2})$$
$$\downarrow$$

$$\begin{array}{ccccccc}
h_{p+1}(X^{p+1}, X^p) & \xrightarrow{\partial_{p+1}} & h_p(X^p, X^{p-2}) & \xrightarrow{i_*} & h_p(X^{p+1}, X^{p-2}) & \longrightarrow & h_p(X^{p+1}, X^p) \\
\| & \searrow^{\bar{\partial}_{p+1}} & \downarrow^{j_*} & & & & \| \\
\bar{C}_{p+1}(X) & & \bar{C}_p(X) = h_p(X^p, X^{p-1}) & & & & 0 \\
& & \downarrow^{\bar{\partial}_p} & & & & \\
& & \bar{C}_{p-1}(X) = h_{p-1}(X^{p-1}, X^{p-2}) & & & &
\end{array}$$

縦の列より,
$$\operatorname{Ker} \bar{\partial}_p \cong \operatorname{Im} j_* \cong h_p(X^p, X^{p-2})$$
また,$\bar{\partial}_{p+1} = j_* \circ \partial_{p+1}$ と j_* の単射性より,
$$\operatorname{Im} \bar{\partial}_{p+1} \cong \operatorname{Im} \partial_{p+1}$$

したがって，
$$h_p(\bar{C}(X)) \equiv \operatorname{Ker} \bar{\partial}_p / \operatorname{Im} \bar{\partial}_{p+1} \cong h_p(X^p, X^{p-2}) / \operatorname{Im} \partial_* \cong h_p(X^{p+1}, X^{p-2})$$
命題 5.4 より，
$$h_p(X^{p+1}, X^{p-2}) \cong h_p(X) \qquad ∎$$

さて，この定理の右辺で，セル複体のホモロジー群を実際に計算できるのであろうか？ 答えは YES である．右辺のチェイン複体には，(まだ知らない)ホモロジー群の計算が必要のように見える．しかし，各チェイン $\bar{C}_p(X)$ は，セルの個数ぶんの G の直和に同型な群であった．では，境界作用素 $\bar{\partial}: \bar{C}_p(X) \to \bar{C}_{p-1}(X)$ は，どうとらえられるのだろうか？

簡単のため，$G=\mathbb{Z}$ の場合を説明しよう．$\bar{C}_p(X)$ の元として，p セル e_λ に対応した $1 \in \mathbb{Z}$ を $\langle e_\lambda \rangle$ と書こう．そのとき，

(5.1) $$\partial \langle e_\lambda \rangle = \sum_{e_\mu \in X^{(p-1)}} [e_\lambda, e_\mu] \langle e_\mu \rangle \quad ([e_\lambda, e_\mu] \in \mathbb{Z})$$

と表される．$[e_\lambda, e_\mu] \in \mathbb{Z}$ を，e_λ と e_μ の **結合係数**(incidence number)という．すべての結合係数がわかると，セル複体のホモロジー群が決定する．結合係数 $[e_\lambda, e_\mu]$ を調べよう．セル複体 X の $p-1$ 次元セルの数を q_{p-1} とする．

e_λ の接着写像 $h_\lambda : \partial \bar{e}_\lambda \to X^{p-1}$ は，境界同型
$$\partial : H_p(\bar{e}_\lambda, \partial \bar{e}_\lambda; \mathbb{Z}) \cong \mathbb{Z} \longrightarrow H_{p-1}(\partial \bar{e}_\lambda; \mathbb{Z}) \cong \mathbb{Z}$$
との結合で，準同型
$$\tilde{h}_{\lambda *} \equiv h_{\lambda *} \circ \partial : H_p(\bar{e}_\lambda, \partial \bar{e}_\lambda; \mathbb{Z}) \cong \mathbb{Z} \longrightarrow H_{p-1}(X^{p-1}; \mathbb{Z})$$
を決める．また，e_μ の特性写像 $\phi_\mu : \bar{e}_\mu \to X^{p-1}$ は，単射準同型
$$\phi_{\mu *} : H_{p-1}(\bar{e}_\mu, \partial \bar{e}_\mu; \mathbb{Z}) \cong \mathbb{Z} \longrightarrow H_{p-1}(X^{p-1}, X^{p-2}; \mathbb{Z}) \cong \mathbb{Z}^{q_{p-1}}$$
を決め，逆写像
$$(\phi_{\mu *})^{-1} : H_{p-1}(X^{p-1}, X^{p-2}; \mathbb{Z}) \cong \mathbb{Z}^{q_{p-1}} \longrightarrow H_{p-1}(\bar{e}_\mu, \partial \bar{e}_\mu; \mathbb{Z}) \cong \mathbb{Z}$$
も定まる．
$$j_* : H_{p-1}(X^{p-1}; \mathbb{Z}) \longrightarrow H_{p-1}(X^{p-1}, X^{p-2}; \mathbb{Z})$$
を，包含写像が定める準同型とする．

次の命題は，定義に従って考えればやさしい．

定理 5.8 セル複体 X の $\mathbb{Z}$ 係数ホモロジー群の結合係数 $[e_\lambda, e_\mu] \in \mathbb{Z}$ は次

のように定まる.

$$[e_\lambda, e_\mu] = ((\phi_{\mu*})^{-1} \circ j_* \circ \tilde{h}_{\lambda*})(1) \in \mathbb{Z} \cong H_{p-1}(\bar{e}_\mu, \partial \bar{e}_\mu; \mathbb{Z}),$$
$$1 \in \mathbb{Z} \cong H_p(\bar{e}_\lambda, \partial \bar{e}_\lambda; \mathbb{Z})$$

□

つねに特性写像が位相同型写像になっているセル複体を，**正則なセル複体**（regular）という．次節以降で扱う単体的複体は，その例である．X が正則なセル複体ならば（ホモロジー群の公理だけを用いる今までの議論より），

$$[e_\lambda, e_\mu] = 0 \text{ または } \pm 1$$

が結論され，0 または ± 1 のいずれになるかも決定されてしまう．したがって，公理のみから，単体的複体のホモロジー群は単一に定まる．公理より定まるホモロジー群と一致するホモロジー群の直接の定義を，次節以降で与えよう．それにより，一般のセル複体の結合係数がわかり，したがって式 (5.1) で定義される境界作用素 ∂ も調べることができる．

§5.2 単体的複体のホモロジー

(a) 単体的複体の定義

2 次元球面も，正 4 面体の表面とみなすとホモロジー群を簡単に計算することができる．このように空間も，（高次元の場合も含めて）3 角形の集まりで構成されるものとみなすことを考える．高次元の 3 角形である単体を定義しよう．

定義 5.9（単体） 1 つの次元の高い Euclid 空間 $\mathbb{R}^N$ の中の一般の位置にある $n+1$ 個の点 $p_0, p_1, \cdots, p_n$（すなわち，n 個のベクトル $\overrightarrow{p_0 p_1}, \cdots, \overrightarrow{p_0 p_n}$ が 1 次独立）で張られる最小の凸集合 $\sigma^n = (p_0, \cdots, p_n)$ を，$(p_0, \cdots, p_n$ を頂点とする）**n 単体**（n-simplex）とよぶ．n を σ^n の**次元**（dimension）という．$p_0, \cdots, p_n$ の j 個の部分集合で張られる j 単体 $\sigma^j = (p_{i_1} \cdots, p_{i_j})$ を σ^n の**面**（face）という．σ^n 自身も σ^n の面とみなすが，σ^n の面である $n-1$ 次元以下の単体全体を σ^n の境界といい，$\partial \sigma^n$ と書く．σ^j が σ^n の境界に属する単体であることを $\sigma^j \prec \sigma^n$ で表す． □

例 5.10 (x, y, z) 空間 $\mathbb{R}^3$ で, 3 点 $p_0 = (0, 0, 0)$, $p_1 = (1, 0, 0)$, $p_2 = (1, 2, 0)$ は 2 単体を定める. このようにある 3 点が同一直線上にのっていなければ一般の位置にあることになり, そのとき 3 点は 2 単体を定める. 同様に, 同一平面上にのっていない 4 点は (よってどの 3 点も同一直線上にのっていない), 独立で 3 単体を定める. □

定義 5.11(単体的複体) ある $\mathbb{R}^N$ の中の, 次元がいろいろの有限個の単体の集まり $\mathcal{S} = \{\sigma^n\}$ で,

(ⅰ) $\mathcal{S} \ni \sigma^n$ ならば, σ^n のすべての面は $\mathcal{S}$ に含まれる.

(ⅱ) $\sigma_1^m, \sigma_2^n \in \mathcal{S}$ ならば, $\sigma_1^m \cap \sigma_2^n$ は, σ_1^m および σ_2^n の面である.

を満たしているとき, $\mathcal{S}$ を**単体的複体**(simplicial complex) という.

$\mathcal{S}$ に含まれる単体の次元の最大を, $\mathcal{S}$ の**次元**といい, $\mathcal{S}$ に含まれている 0 次元単体を, $\mathcal{S}$ の**頂点**(vertex) という. □

つまり, 単体的複体とは, 単体たちがそれらの面でくっついてできたもので, 単体たちとその面を含んだ全体の単体の集まりとみているものである.

単体的複体は, 正則な, すなわち特性写像が位相同型写像になっているセル複体である.

例 5.12 ある単体 σ^n の境界 $\partial \sigma^n$ は, 単体的複体となる. 例えば, (x, y, z) 空間 $\mathbb{R}^3$ で, 4 点

$$p_0 = (0, 0, 0), \quad p_1 = (1, 0, 0), \quad p_2 = (1, 2, 0), \quad p_3 = (2, 3, 4)$$

に対して,

4 個の 2 単体たち

$$\sigma_1^2 = (p_0, p_1, p_2), \quad \sigma_2^2 = (p_1, p_2, p_3), \quad \sigma_3^2 = (p_0, p_2, p_3), \quad \sigma_4^2 = (p_0, p_1, p_3)$$

6 個の 1 単体たち

$$\sigma_1^1 = (p_0, p_1), \quad \sigma_2^1 = (p_0, p_2), \quad \sigma_3^1 = (p_0, p_3),$$
$$\sigma_4^1 = (p_1, p_2), \quad \sigma_5^1 = (p_1, p_3), \quad \sigma_6^1 = (p_2, p_3)$$

4 個の 0 単体たち

$$\sigma_1^0 = (p_0), \quad \sigma_2^0 = (p_1), \quad \sigma_3^0 = (p_2), \quad \sigma_4^0 = (p_3)$$

のあわせて 14 個の単体たちの集合 $\mathcal{S}$ は, 条件(ⅰ), (ⅱ)を満たすから, 1 つの 2 次元単体的複体である (図 5.1). □

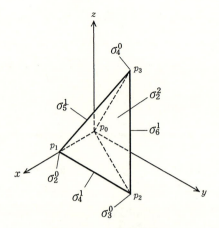

図 5.1 単体的複体

例 5.13 (x, y, z) 空間 $\mathbb{R}^3$ で, さらに他の点 $p_3' = (-2, -3, -4)$ をとると, 上と同様に, 4 点 $p_0 = (0, 0, 0)$, $p_1 = (1, 0, 0)$, $p_2 = (1, 2, 0)$, $p_3' = (-2, -3, -4)$ の張る 3 単体の境界のなす 14 個の単体たちの集合 $\mathcal{S}'$ も, 1 つの 2 次元単体的複体である. 合併集合

$$\mathcal{S} \cup \mathcal{S}'$$

は, ($\mathcal{S} \cap \mathcal{S}'$ の単体の数は 7 個だから) 21 個の単体から成り, 1 つの 2 次元単体的複体となる. □

定義 5.14 ある単体的複体 $\mathcal{S}$ に含まれる点全体は, $\mathbb{R}^N$ の部分集合として, 位相空間を定める. これを $|\mathcal{S}|$ と書く. 1 つの単体は 1 つのセルとみなせるから, $|\mathcal{S}|$ はセル複体である. □

例 5.15 例 5.12, 5.13 の $\mathcal{S}, \mathcal{S}', \mathcal{S} \cup \mathcal{S}'$ に対して, $|\mathcal{S}|, |\mathcal{S}'|$ は, 2 次元球面 S^2 と位相同型であり, $|\mathcal{S} \cup \mathcal{S}'|$ は, 2 次元球面 S^2 に, 仕切り

$$\{(0, x_2, x_3) \mid x_2{}^2 + x_3{}^2 \leqq 1\} \subset S^2$$

を加えたものと位相同型となる.

この空間 $|\mathcal{S} \cup \mathcal{S}'|$ は, 2 つの 2 次元球面の 1 点ずつを, 同じ点とみなした空間 $S^2 \vee S^2$ と, ホモトピー同値である. □

(b) 単体的複体のホモロジー

単体の向き

1つの単体 $\sigma^n = (p_0, \cdots, p_n)$ の頂点の順序を変えても，同じ単体を定める．この頂点の順序を指定したとき，単体 σ^n に**向き**(orientation)を与えた，または，単体 σ^n が**向きづけられている**(oriented)という．ただし，向きは2つしかない，つまり，頂点の順序を，偶置換(互換を偶数回)で変えたものどうしは，同じ向きとし，奇置換(互換を奇数回)で変えたものどうしは，異なる向きとする．

σ^n に $p_0, \cdots, p_n$ の順で向きを与えたとき，$\langle \sigma^n \rangle = \langle p_0, \cdots, p_n \rangle$ と書く．異なる向きは，マイナスの符号で表す．例えば，
$$\langle p_0, p_1, p_2, \cdots, p_n \rangle = -\langle p_1, p_0, p_2, \cdots, p_n \rangle$$

例 5.16 2つの頂点 p_0, p_1 で定まる1単体に対し，
$$\langle p_0, p_1 \rangle = -\langle p_1, p_0 \rangle$$
向きづけられた1単体は，図のように矢印で表すことができる(図 5.2)．　□

例 5.17 3つの頂点 p_0, p_1, p_2 で定まる2単体に対し，
$$(5.2) \quad \langle p_0, p_1, p_2 \rangle = \langle p_1, p_2, p_0 \rangle = \langle p_2, p_0, p_1 \rangle$$
$$= -\langle p_0, p_2, p_1 \rangle = -\langle p_1, p_0, p_2 \rangle = -\langle p_2, p_1, p_0 \rangle$$
向きづけられた2単体も，図のように矢印で表すことができる(図 5.2)．　□

図 5.2 向きづけられた1単体，2単体

単体的複体の $\mathbb{Z}$ 係数ホモロジー

定義 5.18 $\mathcal{S}$ を単体的複体とする．$\mathcal{S}$ の q 次元単体の個数を k_q とするとき，可換群

$$C_q(\mathcal{S};\mathbb{Z}) = \mathbb{Z}^{k_q} = \overbrace{\mathbb{Z}\oplus\mathbb{Z}\oplus\cdots\oplus\mathbb{Z}}^{k_q 個}$$

を($\mathbb{Z}$ を係数とする)$\mathcal{S}$ の **q 次元鎖群**(chains)という. ただし,$q<0$,または $q>\dim\mathcal{S}$ のとき,$C_q(\mathcal{S};\mathbb{Z})=0$ とする. □

境界作用素 $\partial_q:C_q(\mathcal{S};\mathbb{Z})\to C_{q-1}(\mathcal{S};\mathbb{Z})$ を定義して,チェイン複体にしよう.

定義 5.19 $\mathcal{S}$ に含まれるすべての単体に向きを(なんでもよいから)つけて,さらに各 q 次元の単体に 1 から k_q までの番号をつけて,$\sigma_1^q,\sigma_2^q,\cdots,\sigma_{k_q}^q$ とする. そのとき,形式的に

$$A_q(\mathcal{S};\mathbb{Z}) = \{a_1\langle\sigma_1^q\rangle+a_2\langle\sigma_2^q\rangle+\cdots+a_{k_q}\langle\sigma_{k_q}^q\rangle \mid a_i\in\mathbb{Z}\}$$

と定めた集合は,

$$(a_1\langle\sigma_1^q\rangle+\cdots+a_{k_q}\langle\sigma_{k_q}^q\rangle)+(b_1\langle\sigma_1^q\rangle+\cdots+b_{k_q}\langle\sigma_{k_q}^q\rangle)$$
$$= (a_1+b_1)\langle\sigma_1^q\rangle+\cdots+(a_{k_q}+b_{k_q})\langle\sigma_{k_q}^q\rangle$$

と和を定めることにより,$\mathcal{S}$ の q 次元鎖群 $C_q(\mathcal{S};\mathbb{Z})=\mathbb{Z}^{k_q}=\mathbb{Z}\oplus\mathbb{Z}\oplus\cdots\oplus\mathbb{Z}$ と同型な可換群(これを,難しくいえば $\langle\sigma_1^q\rangle,\langle\sigma_2^q\rangle,\cdots,\langle\sigma_{k_q}^q\rangle$ で生成される**自由可換群**(free Abelian group)という)となる.

$\langle\sigma_i^q\rangle=\langle p_0,p_1,\cdots,p_q\rangle$ と表されているとき,$\partial_q(a_i\langle\sigma_i^q\rangle)=\partial_q(a_i\langle p_0,p_1,\cdots,p_q\rangle)$ を,

$$\partial_q(a_i\langle\sigma_i^q\rangle) = \sum_{j=0}^{k_q}(-1)^j a_i\langle p_0,p_1,\cdots,p_{j-1},\check{p}_j,p_{j+1},\cdots,p_q\rangle$$

と定める. ただし,$\check{p}_j$ は,p_j をとり除くことを意味する. したがって,$\partial_q(a_i\langle\sigma_i^q\rangle)$ は $A_{q-1}(\mathcal{S};\mathbb{Z})$ の元であり,

$$\partial_q(a_1\langle\sigma_1^q\rangle+a_2\langle\sigma_2^q\rangle+\cdots+a_{k_q}\langle\sigma_{k_q}^q\rangle)$$
$$=\partial_q(a_1\langle\sigma_1^q\rangle)+\partial_q(a_2\langle\sigma_2^q\rangle)+\cdots+\partial_q(a_{k_q}\langle\sigma_{k_q}^q\rangle)$$

と定めることで,**境界準同型** $\partial_q:A_q(\mathcal{S};\mathbb{Z})\to A_{q-1}(\mathcal{S};\mathbb{Z})$,すなわち,

$$\partial_q:C_q(\mathcal{S};\mathbb{Z})\longrightarrow C_{q-1}(\mathcal{S};\mathbb{Z})$$

が定義される(単体の向きのつけ方と番号づけによっている). また,$q>\dim\mathcal{S}$,あるいは $q\leqq 0$ のとき,$\partial_q=0:C_q(\mathcal{S};\mathbb{Z})\to C_{q-1}(\mathcal{S};\mathbb{Z})$ とする. □

簡単な計算により，次が成立する．

命題 5.20 すべての q に対し，
$$\partial_q \circ \partial_{q+1} = 0 : C_{q+1}(S;\mathbb{Z}) \longrightarrow C_{q-1}(S;\mathbb{Z}) \qquad \square$$

問 上の命題を証明せよ．

したがって，$\dim S = n$ とするとき，
$$0 \xrightarrow{\partial_{n+1}} C_n(S;\mathbb{Z}) \xrightarrow{\partial_n} C_{n-1}(S;\mathbb{Z}) \xrightarrow{\partial_{n-1}} \cdots \xrightarrow{\partial_2} C_1(S;\mathbb{Z}) \xrightarrow{\partial_1} C_0(S;\mathbb{Z}) \xrightarrow{\partial_0} 0$$
はチェイン複体となる．このチェイン複体を $C_*(S;\mathbb{Z})$ と書く．

定義 5.21 チェイン複体 $C_*(S;\mathbb{Z})$ の q 次元ホモロジー群，すなわち
$$H_q(C_*(S;\mathbb{Z})) = \mathrm{Ker}\, \partial_q / \mathrm{Im}\, \partial_{q+1}$$
を，**単体的複体 S の $\mathbb{Z}$ 係数 q 次元ホモロジー群**といい，$H_q(S;\mathbb{Z})$ と書く．

q 次元輪体群 $\mathrm{Ker}\, \partial_q$ を $Z_q(S;\mathbb{Z})$，q 次元境界輪体群 $\mathrm{Im}\, \partial_{q+1}$ を $B_q(S;\mathbb{Z})$ と書く（したがって，$H_q(C_*(S;\mathbb{Z})) = Z_q(S;\mathbb{Z})/B_q(S;\mathbb{Z})$）． $\square$

やさしい計算で，$H_q(S;\mathbb{Z})$ は単体の向きのつけ方と番号づけによらず，単体的複体 S のみで定まることがわかる．

例 5.22 例 5.12 の単体的複体 S の $\mathbb{Z}$ 係数ホモロジー群を計算してみよう．14 個の単体の向きづけと番号づけは，例に書いてある順どおりとする．そのとき，$\partial_2 : C_2(S;\mathbb{Z}) \cong \mathbb{Z}^4 \to C_1(S;\mathbb{Z}) \cong \mathbb{Z}^6$ と，$\partial_1 : C_1(S;\mathbb{Z}) \cong \mathbb{Z}^6 \to C_0(S;\mathbb{Z}) \cong \mathbb{Z}^4$ は，それぞれ次の 6 行 4 列と，4 行 6 列の行列で表される．

$$\begin{pmatrix} 1 & 0 & 0 & 1 \\ -1 & 0 & 1 & 0 \\ 0 & 0 & -1 & -1 \\ 1 & 1 & 0 & 0 \\ 0 & -1 & 0 & 1 \\ 0 & 1 & 1 & 0 \end{pmatrix} \qquad \begin{pmatrix} -1 & -1 & -1 & 0 & 0 & 0 \\ 1 & 0 & 0 & -1 & -1 & 0 \\ 0 & 1 & 0 & 1 & 0 & -1 \\ 0 & 0 & 1 & 0 & 1 & 1 \end{pmatrix}$$

よって，

(i) $Z_2(S;\mathbb{Z}) = \{a\langle \sigma_1^2 \rangle - a\langle \sigma_2^2 \rangle + a\langle \sigma_3^2 \rangle - a\langle \sigma_4^2 \rangle \mid a \in \mathbb{Z}\} \cong \mathbb{Z}$,
$B_2(S;\mathbb{Z}) = 0$

(ii) $Z_1(S;\mathbb{Z}) = B_1(S;\mathbb{Z})$

$$= \{a_1\langle\sigma_1^1\rangle + a_2\langle\sigma_2^1\rangle - (a_1+a_2)\langle\sigma_3^1\rangle + (a_1-a_3)\langle\sigma_4^1\rangle$$
$$+ a_3\langle\sigma_5^1\rangle + (a_1+a_2-a_3)\langle\sigma_6^1\rangle \mid a_i \in \mathbb{Z}\} \cong \mathbb{Z}^3$$

(iii) $Z_0(\mathcal{S};\mathbb{Z}) = C_0(\mathcal{S};\mathbb{Z}) \cong \mathbb{Z}^4$,

$$B_0(\mathcal{S};\mathbb{Z}) = \{a_1\langle\sigma_0^1\rangle + a_2\langle\sigma_0^2\rangle + a_3\langle\sigma_0^3\rangle + a_4\langle\sigma_0^4\rangle \mid \sum_{i=1}^{4} a_i = 0\} \cong \mathbb{Z}^3$$

となり,

（ⅰ）$H_2(\mathcal{S};\mathbb{Z}) \cong \mathbb{Z}$, 　（ⅱ）$H_1(\mathcal{S};\mathbb{Z}) = 0$, 　（ⅲ）$H_0(\mathcal{S};\mathbb{Z}) \cong \mathbb{Z}$

を得る.

$H_2(\mathcal{S};\mathbb{Z}) \cong \mathbb{Z}$ の生成元($\pm 1 \in \mathbb{Z}$ に対応するもの)は, $\langle\sigma_1^2\rangle - \langle\sigma_2^2\rangle + \langle\sigma_3^2\rangle - \langle\sigma_4^2\rangle$ で実現されるが, これが, 幾何的に境界でない 2 次元の輪体になっていることを, 図形を見ながら確認してほしい.

位相空間 $|\mathcal{S}|$ は, 2次元球面 S^2 と位相同型であったが, $H_*(\mathcal{S};\mathbb{Z})$ は, 公理から計算された S^2 のホモロジー群にまさしく等しい. 　□

複体対のホモロジー群については, 複体対 $(\mathcal{S},\mathcal{T})$ に対して, チェインを
$$C_q(\mathcal{S},\mathcal{T}) = C_q(\mathcal{S})/C_q(\mathcal{T})$$
とおいて, そのまま拡張すればよい.

また, 一般係数ホモロジー群については, 一般の可換群 G に対して, チェインを
$$C_q(S;\mathbb{Z}) \otimes G = C_q(S;G)$$
とおいて, そのまま拡張すればよい.

位相空間を単体的複体と見なすには, 曲がった単体の集まりと考えればよい. それらは次元の高い $\mathbb{R}^N$ の中の単体的複体と位相同型になることが知られているので, 曲がった単体に分けることが重要である. 位相空間 X に対して, $|\mathcal{S}|$ と X が位相同型となる単体的複体 $\mathcal{S}$ を求めることを, X を **3角形分割**(triangulation)あるいは単体分割(simplicial decomposition)するという. 単体的複体のホモロジー群を**単体的ホモロジー群**(simplicial homology group)という.

例 5.23 (実射影平面 $P^2(\mathbb{R})$) 　実射影平面 $P^2(\mathbb{R})$ のホモロジー $H_*(P^2(\mathbb{R});\mathbb{Z})$ を計算しよう. $P^2(\mathbb{R})$ は, S^2 の対点を同一視したものである. いいかえれば, 2次元球体 D^2 の周囲 S^1 の対点を同一視したものである. 図5.3のよ

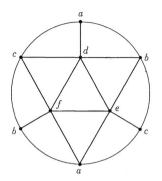

図 5.3 実射影平面

うに曲がった単体で分割する．

$\mathbb{Z}$ および $\mathbb{Z}_2$ 係数ホモロジー群は次のようになる．
$$H_0(P^2(\mathbb{R});\mathbb{Z}) \cong \mathbb{Z}, \quad H_1(P^2(\mathbb{R});\mathbb{Z}) \cong \mathbb{Z}_2, \quad H_2(P^2(\mathbb{R});\mathbb{Z}) = 0,$$
$$H_0(P^2(\mathbb{R});\mathbb{Z}_2) \cong \mathbb{Z}_2, \quad H_1(P^2(\mathbb{R});\mathbb{Z}_2) \cong \mathbb{Z}_2, \quad H_2(P^2(\mathbb{R});\mathbb{Z}_2) \cong \mathbb{Z}_2 \quad □$$

位相空間を単体的複体とみなすことを，3角形分割するといった．3角形分割可能な空間のあいだの連続写像は，分割を細かくすることにより，単体を単体に写す単体写像で近似することができ，単体ホモロジー群のあいだの準同型が定まる．

次のことが成立することで，公理からはじめた我々のホモロジー論も読者の納得を得られるだろう．証明は難しくはないが，長くなるので省略する．

定理 5.24 3角形分割可能な空間の単体的ホモロジー群は，ホモロジー群の公理を満たす．また，3角形分割可能な空間において，公理を満たすホモロジー群は，係数群が等しければ，すべて一致する（したがって，単体的ホモロジー群とも一致する）． □

単体的ホモロジー群の完全公理（公理 4.1(4)）の証明は楽しいので，読者自ら考えてほしい．切除公理（公理 4.1(3)）の証明もやさしい．

§5.3 セル複体のホモロジー群の計算

単体的複体のホモロジー群の様子がわかったから，それにより，セル複体の結合係数，したがって境界作用素
$$\bar{\partial}_n : \bar{C}_n(X) \longrightarrow \bar{C}_{n-1}(X)$$
が計算できることとなる．例で示そう．

例 5.25 例 2.14 で実射影平面のセル分割
$$P^2(\mathbb{R}) = \left(\bar{e}^0 \bigcup_{h_1} \bar{e}^1\right) \bigcup_{h_2} \bar{e}^2$$
を与えた．$\mathbb{Z}$ 係数での結合係数は，$[e^1, e^0] = 0$, $[e^2, e^1] = 2$ となり，
$$\partial\langle e^1 \rangle = 0, \qquad \partial\langle e^2 \rangle = 2\langle e^1 \rangle$$
よって，
$$H_0(P^2(\mathbb{R}); \mathbb{Z}) \cong \mathbb{Z}, \qquad H_1(P^2(\mathbb{R}); \mathbb{Z}) \cong \mathbb{Z}_2, \qquad H_2(P^2(\mathbb{R}); \mathbb{Z}) = 0 \qquad \square$$

例 5.26 例 2.15 でトーラスのセル分割
$$S^1 \times S^1 = \left(\bar{e}^0 \bigcup_{h_1}(\bar{e}^1_1 \cup \bar{e}^1_2)\right) \bigcup_{h_2} \bar{e}^2$$
を与えた．$\mathbb{Z}$ 係数での結合係数は，$[e^1_j, e^0] = 0$, $[e^2, e^1_j] = 0$ $(j = 1, 2)$ となり，
$$\partial\langle e^1_1 \rangle = \partial\langle e^1_2 \rangle = 0, \qquad \partial\langle e^2 \rangle = 0$$
よって，
$$H_0(T^2; \mathbb{Z}) \cong \mathbb{Z}, \qquad H_1(T^2; \mathbb{Z}) \cong \mathbb{Z} \oplus \mathbb{Z}, \qquad H_2(T^2; \mathbb{Z}) = \mathbb{Z} \qquad \square$$

例 5.27 n 次元複素射影空間 $P^n(\mathbb{C}) = U(n+1)/U(n) \times U(1)$ は，
$$P^n(\mathbb{C}) = \bar{e}^0 \bigcup_{h_2} \bar{e}^2 \cup \cdots \bigcup_{h_{2n}} \bar{e}^{2n}$$
とセル分割される．よって，すべての i に対し，$\bar{\partial}_i : \bar{C}_i(X) \to \bar{C}_{i-1}(X) = 0$．したがって，
$$H_i(P^n(\mathbb{C}); \mathbb{Z}) \cong \begin{cases} \mathbb{Z} & (i = 0, 2, \cdots, 2n) \\ 0 & (その他) \end{cases}$$
$\square$

《要約》
5.1 セル複体のホモロジー群は，チェイン複体のホモロジー群となる．
5.2 セル複体の n 次元チェインは，n 次元セルの個数分の係数群 G の直和．
5.3 単体的複体のチェイン複体と境界作用素を直接定義して，ホモロジー群を計算する．
5.4 セル複体の境界作用素の様子を知り，ホモロジー群を計算する．

──────── 演習問題 ────────

5.1 球面 S^n および球体 D^n のセル分割を用いて，$\mathbb{Z}$ 係数ホモロジー群を計算せよ．

5.2 トーラス $T^2 = S^1 \times S^1$ のホモロジー群の結果と，Mayer–Vietoris 完全系列を用いて，2人乗り浮き袋 M_2 の $\mathbb{Z}$ 係数ホモロジー群を計算せよ．

5.3 n 人乗り浮き袋の M_2 のセル分割を用いて，$\mathbb{Z}$ 係数ホモロジー群を計算せよ．

6 コホモロジー群

 写像が導く準同型と，境界準同型写像の向きを，ホモロジー群の場合と全く逆にして公理が得られるコホモロジー群を説明する．コホモロジー群は，係数群を定めるとただ1とおりに決まり，また次章で説明する普遍係数定理より，ホモロジー群から計算されてしまうが，コホモロジー群のほうが使いやすい場合も多い．ホモロジー群と話は平行なので，公理と単体的コホモロジー群の直接的定義と計算だけをのべる．

§6.1 コホモロジー群の公理

 我々は位相空間対として常にセル複体対を考えていることを思い出しておこう．

 公理 6.1 コホモロジー群(cohomology group)$h^p(X)$ とその直和 $h^*(X) = \sum_{p=0}^{\infty} h^p(X)$ とは，位相空間対 (X, A) に対して，可換群 $h^p(X, A)$ $(p = 0, 1, 2, \cdots)$ が定められて，次の性質を満たすものである．

 （1） 勝手な連続写像 $f:(X, A) \to (X', A')$ とすべての p に対して，
$$f^*: h^p(X', A') \longrightarrow h^p(X, A)$$
 という可換群の準同型が定まっており，恒等写像 $id:(X, A) \to (X, A)$ に対して

$$id^* : h^p(X, A) \longrightarrow h^p(X, A)$$

はつねに可換群の間の恒等写像に等しい．また，$g:(X', A') \to (X'', A'')$ に対して，

$$(g \circ f)^* = f^* \circ g^* : h^p(X'', A'') \longrightarrow h^p(X, A)$$

が成立する．$f \simeq f' : (X, A) \to (X', A')$ ならば，

$$f^* = f'^* : h^p(X', A') \longrightarrow h^p(X, A)$$

（2） 位相空間対 (X, A) に対して，**余境界準同型**（連結準同型）（coboundary homomorphism）

$$\delta^p(\text{単に }\delta\text{ と書くこともある}) : h^p(A) \longrightarrow h^{p+1}(X, A)$$

とよばれる準同型が，すべての p に対して定められている．この余境界準同型は任意の連続写像 $f : (X, A) \to (X', A')$ と，任意の p に対し，

$$\delta^p \circ (f|_A)^* = f^* \circ \delta$$

（3）**切除公理** 包含写像 $i : (B, B \cap A) \to (A \cup B, A)$ の引き起こす準同型

$$i^* : h^p(A \cup B, A) \longrightarrow h^p(B, B \cap A)$$

はすべての p に対して同型．

（4）**完全公理** 位相空間対 (X, A) と自然な包含写像 $i : A \to X$, $j : X = (X, \emptyset) \longrightarrow (X, A)$ に対して，長い系列

$$\cdots \longrightarrow h^{p-1}(X) \xrightarrow{i^*} h^{p-1}(A) \xrightarrow{\delta^{p-1}} h^p(X, A) \xrightarrow{j^*} h^p(X) \xrightarrow{i^*} h^p(A) \longrightarrow \cdots$$

は完全系列．

（5）**次元公理** 1 点のみからなる位相空間 pt に対し，$p > 0$ ならば，

$$h^p(pt) = 0$$

これで公理はおしまい． □

§6.2 単体的複体のコホモロジー

単体的複体 $\mathcal{S}$ に対して，$\mathcal{S}$ に含まれるすべての単体に向きを（なんでも良いから）つけて，さらに，各 q 次元の単体に，1 から k_q までの番号をつけて $\sigma_1^q, \sigma_2^q, \cdots, \sigma_{k_q}^q$ とする．q 次元 $\mathbb{Z}$ 係数鎖群 $C_q(\mathcal{S}; \mathbb{Z})$ を，$A_q(\mathcal{S}) = \{a_1 \langle \sigma_1^q \rangle + a_2 \langle \sigma_2^q \rangle + \cdots + a_{k_q} \langle \sigma_{k_q}^q \rangle \mid a_i \in \mathbb{Z}\}$ と同一視し，G 係数 q 次元**余鎖群**（cochains）

$C^q(\mathcal{S};G)$ を，
$$C^q(\mathcal{S};G) = \mathrm{Hom}(C_q(\mathcal{S};\mathbb{Z}),G)$$
で定める．特に $\mathbb{Z}$ 係数の場合は，$C^q(\mathcal{S};\mathbb{Z}) = \mathrm{Hom}(C_q(\mathcal{S};\mathbb{Z}),\mathbb{Z})$ となる．**余境界作用素**(coboundary operator) $\delta^q : C^q(\mathcal{S};G) \to C^{q+1}(\mathcal{S};G)$ を，$x \in C^q(\mathcal{S};G)$, $a \in C^{q+1}(\mathcal{S};G)$ に対し，
$$\delta^q(x)(a) = x(\partial(a))$$
と定義する．

$$0 \longleftarrow C^n(\mathcal{S};G) \xleftarrow{\delta^{n-1}} C^{n-1}(\mathcal{S};G) \xleftarrow{\delta^{n-2}} \cdots \xleftarrow{\delta^1} C^1(\mathcal{S};G) \xleftarrow{\delta^0} C^0(\mathcal{S};G) \longleftarrow 0$$

はチェイン複体となる．このチェイン複体を $C^*(\mathcal{S};G)$ と書き，$\mathcal{S}$ の G 係数**コチェイン複体**(cochain complex)という．

定義6.2 $\mathcal{S}$ の G 係数コチェイン複体 $C^*(\mathcal{S};G)$ の q 次元ホモロジー群，すなわち
$$H_q(C^*(\mathcal{S};G)) = \mathrm{Ker}\,\delta^q / \mathrm{Im}\,\delta^{q-1}$$
を，単体的複体 $\mathcal{S}$ の G 係数 q 次元コホモロジー群といい，$H^q(\mathcal{S};G)$ と書く． □

定義6.3 G 係数コチェイン複体 $C^*(\mathcal{S};G)$ の q 次元輪体群を $Z^q(\mathcal{S};G)$ と書いて，単体的複体 $\mathcal{S}$ の G 係数 q 次元**余輪体群**(cocycles)といい，q 次元境界輪体群を $B^q(\mathcal{S};G)$ と書いて，単体的複体 $\mathcal{S}$ の G 係数 q 次元**余境界輪体群**(coboundaries)という．よって，
$$H^q(\mathcal{S};G) = Z^q(\mathcal{S};G)/B^q(\mathcal{S};G)$$
□

例6.4 例5.12の単体的複体の $\mathbb{Z}$ 係数ホモロジーは，例5.22で計算したが，今度は，$\mathbb{Z}$ 係数コホモロジーを計算しよう．$\mathcal{S}$ のすべての向きづけられた単体 $\langle \sigma_i^q \rangle$ に対して，$\langle \sigma_i^q \rangle^* \in C^q(\mathcal{S};\mathbb{Z})$ を，
$$\langle \sigma_i^q \rangle^*(\langle \sigma_j^q \rangle) = \delta_j^i$$
と定義する．ただし，δ_j^i は Kronecker のデルタ，すなわち，
$$\delta_j^i = \begin{cases} 1 & (i = j) \\ 0 & (i \neq j) \end{cases}$$

第6章 コホモロジー群

そのとき,$C^q(\mathcal{S};\mathbb{Z})$ は $\left\{\sum_{i=1}^{k_q} a_i\langle\sigma_i^q\rangle^* \mid a_i \in \mathbb{Z}\right\}$ と書かれる自由可換群と同型な群になり,

$$C^0(\mathcal{S};\mathbb{Z}) \cong \mathbb{Z}^4, \quad C^1(\mathcal{S};\mathbb{Z}) \cong \mathbb{Z}^6, \quad C^2(\mathcal{S};\mathbb{Z}) \cong \mathbb{Z}^4$$

が成立する.余境界準同型 $\delta^0 : C^0(\mathcal{S};\mathbb{Z}) \to C^1(\mathcal{S};\mathbb{Z})$ の計算は,次のように行う.

$$\delta^0(\langle p_i\rangle^*)(\langle p_j, p_k\rangle) = \langle p_i\rangle^*(\partial\langle p_j, p_k\rangle) = \langle p_i\rangle^*(\langle p_k\rangle - \langle p_j\rangle) = \delta_k^i - \delta_j^i$$

より,例えば,$\delta^0(\langle p_0\rangle^*)$ は,次式となる.

$$\delta^0(\langle p_0\rangle^*) = -\langle p_0, p_1\rangle^* - \langle p_0, p_2\rangle^* - \langle p_0, p_3\rangle^*$$

余境界準同型 $\delta^0 : C^0(\mathcal{S};\mathbb{Z}) \to C^1(\mathcal{S};\mathbb{Z})$ と同様に,余境界準同型 $\delta^1 : C^1(\mathcal{S};\mathbb{Z}) \to C^2(\mathcal{S};\mathbb{Z})$ も計算できて,それぞれ次の6行4列と,4行6列の行列で表される.

$$\begin{pmatrix} -1 & 1 & 0 & 0 \\ -1 & 0 & 1 & 0 \\ -1 & 0 & 0 & 1 \\ 0 & -1 & 1 & 0 \\ 0 & -1 & 0 & 1 \\ 0 & 0 & -1 & 1 \end{pmatrix} \quad \begin{pmatrix} 1 & -1 & 0 & 1 & 0 & 0 \\ 0 & 0 & 0 & 1 & -1 & 1 \\ 0 & 1 & -1 & 0 & 0 & 1 \\ 1 & 0 & -1 & 0 & 1 & 0 \end{pmatrix}$$

これは,ホモロジーの計算に出てくる行列の転置である.よって,

(i) $Z^0(\mathcal{S};\mathbb{Z}) = \{a\langle\sigma_1^0\rangle^* - a\langle\sigma_2^0\rangle^* + a\langle\sigma_3^0\rangle^* - a\langle\sigma_4^0\rangle^* \mid a \in \mathbb{Z}\} \cong \mathbb{Z}$,
$B^0(\mathcal{S};\mathbb{Z}) = 0$

(ii) $Z^1(\mathcal{S};\mathbb{Z}) = B^1(\mathcal{S};\mathbb{Z})$
$= \{a_1\langle\sigma_1^1\rangle^* + a_2\langle\sigma_2^1\rangle^* + (a_3)\langle\sigma_3^1\rangle^* + (-a_1+a_2)\langle\sigma_4^1\rangle^*$
$\quad + (-a_1+a_3)\langle\sigma_5^1\rangle^* + (-a_2+a_3)\langle\sigma_6^1\rangle^* \mid a_i \in \mathbb{Z}\} \cong \mathbb{Z}^3$

(iii) $Z^2(\mathcal{S};\mathbb{Z}) = C^2(\mathcal{S};\mathbb{Z}) \cong \mathbb{Z}^4$,
$B^2(\mathcal{S};\mathbb{Z}) = \{a_1\langle\sigma_0^1\rangle^* + a_2\langle\sigma_0^2\rangle^* + a_3\langle\sigma_0^3\rangle^* + a_4\langle\sigma_0^4\rangle^* \mid a_1 - a_2 + a_3 - a_4 = 0\}$
$\cong \mathbb{Z}^3$

となり,

(i) $H^0(\mathcal{S};\mathbb{Z}) \cong \mathbb{Z}$, (ii) $H^1(\mathcal{S};\mathbb{Z}) \cong 0$, (iii) $H^2(\mathcal{S};\mathbb{Z}) \cong \mathbb{Z}$

を得る.

ところで，$Z^2(\mathcal{S};\mathbb{Z})=C^2(\mathcal{S};\mathbb{Z})\cong\mathbb{Z}^4$ から，$H^2(\mathcal{S};\mathbb{Z})\cong\mathbb{Z}$ への対応は，
$$a_1\langle\sigma_1^2\rangle^*+a_2\langle\sigma_2^2\rangle^*+a_3\langle\sigma_3^2\rangle^*+a_4\langle\sigma_4^2\rangle^*$$
という元を，
$$a_1-a_2+a_3-a_4\in\mathbb{Z}$$
に写すことで実現される．
$$\langle\sigma_1^2\rangle-\langle\sigma_2^2\rangle+\langle\sigma_3^2\rangle-\langle\sigma_4^2\rangle$$
が，$H_2(\mathcal{S};\mathbb{Z})$ を生成する基本的な $\mathcal{S}$ の輪体であったことを思い出してほしい．コホモロジー群 $H^2(\mathcal{S};\mathbb{Z})\cong\mathbb{Z}$ への対応は，2次元コチェインのこの基本輪体での"積分"で表されるということができる(よくわからないから，聞き流しておこう)． □

《 要 約 》

6.1 コホモロジー群の公理は，ホモロジー群の公理のすべての準同型写像の向きを変えたものとなる．

6.2 単体的複体のコホモロジー群も直接定義され，計算される．

―――――― 演習問題 ――――――

6.1 トーラス $T^2\equiv S^1\times S^1$ の3角形分割を用いて，$\mathbb{Z}$ 係数コホモロジー群を計算せよ．

6.2 実射影平面 $P^2(\mathbb{R})$ の3角形分割を用いて，$\mathbb{Z}$ 係数コホモロジー群を計算せよ．

7 積空間のホモロジー群と普遍係数定理

　この章では，積空間のホモロジー群またはコホモロジー群(まとめて(コ)ホモロジー群)の計算方法，および係数群を変えたときの(コ)ホモロジー群の計算方法を証明なしで記述する．具体的な図形の各係数の(コ)ホモロジー群の計算において，便利であると思う．また，コホモロジー群のカップ積の定義を与える．積空間より一般的なファイバー空間の(コ)ホモロジー群の計算は，第9章でスペクトル系列を用いて行う．

§7.1 可換群のいろいろな積

　可換群に対しての4種類の積が必要となるが，その正確な定義を知りたい読者は，他の本(「さらに学習するための参考書」の1,2)を参照してもらうことにして，それぞれの積で成立する性質と，有限生成な可換群の積の結果のみをのべる．(コ)ホモロジー群の計算は，これだけで十分である．

(a) テンソル積

　2つの可換群 G_1, G_2 に対し，($\mathbb{Z}$ 上の)**テンソル積**(tensor product)
$$G_1 \otimes G_2$$
という可換群が定まり，G_1, G_2 が直和 $G_1 = \sum_i G_1^i$, $G_2 = \sum_j G_2^j$ となっている

とき，
$$G_1 \otimes G_2 \cong \sum_{i,j} {G_1}^i \otimes {G_2}^j$$
が成り立つ．また，
$$G_1 \otimes G_2 \cong G_2 \otimes G_1$$
も成立する．すべての可換群 G に対し，
$$\mathbb{Z} \otimes G \cong G \otimes \mathbb{Z} \cong G$$
となる．自然数 m, n に対し，(m, n) で，m と n の最大公約数を表すとすると，次が成立する．
$$\mathbb{Z} \otimes \mathbb{Z} \cong \mathbb{Z}, \quad \mathbb{Z} \otimes \mathbb{Z}_m \cong \mathbb{Z}_m \otimes \mathbb{Z} \cong \mathbb{Z}_m, \quad \mathbb{Z}_m \otimes \mathbb{Z}_n \cong \mathbb{Z}_{(m,n)}$$
これらの等式で，2 つの有限生成の可換群のテンソル積は完全に決定されてしまうことに注意．

(b) Hom

2 つの可換群 G_1, G_2 に対し，G_1 から G_2 への準同型全体のなす可換群 $\mathrm{Hom}(G_1, G_2)$ は，G_1, G_2 が直和 $G_1 = \sum_i {G_1}^i$，$G_2 = \sum_j {G_2}^j$ となっているとき，
$$\mathrm{Hom}(G_1, G_2) \cong \sum_{i,j} \mathrm{Hom}({G_1}^i, {G_2}^j)$$
が成り立つ．また，すべての可換群 G に対し，
$$\mathrm{Hom}(\mathbb{Z}, G) \cong G$$
となる．また，次が成立する．
$$\mathrm{Hom}(\mathbb{Z}, \mathbb{Z}) \cong \mathbb{Z}, \quad \mathrm{Hom}(\mathbb{Z}, \mathbb{Z}_m) \cong \mathbb{Z}_m, \quad \mathrm{Hom}(\mathbb{Z}_m, \mathbb{Z}) = 0,$$
$$\mathrm{Hom}(\mathbb{Z}_m, \mathbb{Z}_n) \cong \mathbb{Z}_{(m,n)}$$
これらの等式で，2 つの有限生成の可換群 G_1, G_2 に対する $\mathrm{Hom}(G_1, G_2)$ は完全に決定されてしまうことに注意．

(c) ねじれ積

2 つの可換群 G_1, G_2 に対し，($\mathbb{Z}$ 上の) **ねじれ積** (torsion product)
$$\mathrm{Tor}(G_1, G_2)$$

という可換群が定まる．ねじれ積は，G_1, G_2 のねじれ部分（何倍かすると 0 になる元全体のなす部分群）のみによって決定される．G_1, G_2 が直和 $G_1 = \sum_i G_1{}^i$, $G_2 = \sum_j G_2{}^j$ となっているとき，
$$\mathrm{Tor}(G_1, G_2) \cong \sum_{i,j} \mathrm{Tor}(G_1{}^i, G_2{}^j)$$
が成り立つ．また，
$$\mathrm{Tor}(G_1, G_2) \cong \mathrm{Tor}(G_2, G_1)$$
も成立する．すべての可換群 G に対し，
$$\mathrm{Tor}(\mathbb{Z}, G) \cong \mathrm{Tor}(G, \mathbb{Z}) = 0$$
となる．また，次が成立する．
$$\mathrm{Tor}(\mathbb{Z}, \mathbb{Z}) \cong \mathrm{Tor}(\mathbb{Z}, \mathbb{Z}_m) \cong \mathrm{Tor}(\mathbb{Z}_m, \mathbb{Z}) = 0, \qquad \mathrm{Tor}(\mathbb{Z}_m, \mathbb{Z}_n) \cong \mathbb{Z}_{(m,n)}$$
$\mathrm{Tor}(G_1, G_2)$ を $\mathrm{Tor}_1(G_1, G_2)$ と書くときもあり，そのとき，$\mathrm{Tor}_0(G_1, G_2) \equiv G_1 \otimes G_2$ とする．

これらの等式で，2つの有限生成の可換群のねじれ積は完全に決定されてしまうことに注意．

(d) Ext

2つの可換群 G_1, G_2 に対し，
$$0 \longrightarrow G_2 \longrightarrow G \longrightarrow G_1 \longrightarrow 0$$
が完全となるような列（と G）を G_2 の G_1 による**拡大**(extension)という．G_2 の G_1 による拡大の同型類全体は，
$$\mathrm{Ext}(G_1, G_2)$$
という可換群を定める．G_1, G_2 が直和 $G_1 = \sum_i G_1{}^i$, $G_2 = \sum_j G_2{}^j$ となっているとき，
$$\mathrm{Ext}(G_1, G_2) \cong \sum_{i,j} \mathrm{Ext}(G_1{}^i, G_2{}^j)$$
が成り立つ．すべての可換群 G に対し，
$$\mathrm{Ext}(\mathbb{Z}, G) = 0$$

となる.また,次が成立する.
$$\text{Ext}(\mathbb{Z},\mathbb{Z}) \cong \text{Ext}(\mathbb{Z},\mathbb{Z}_m) = 0,$$
$$\text{Ext}(\mathbb{Z}_m,\mathbb{Z}) \cong \mathbb{Z}_m, \qquad \text{Ext}(\mathbb{Z}_m,\mathbb{Z}_n) \cong \mathbb{Z}_{(m,n)}$$

$\text{Ext}(G_1,G_2)$ を $\text{Ext}^1(G_1,G_2)$ と書くときもあり,そのとき,$\text{Ext}^0(G_1,G_2) \equiv \text{Hom}(G_1,G_2)$ とする.

これらの等式で,2つの有限生成の可換群 G_1, G_2 に対する $\text{Ext}(G_1,G_2)$ は完全に決定されてしまうことに注意.

また,$\mathbb{R}$ に関する等式もあげておこう.

$\mathbb{R}\otimes\mathbb{Z} \cong \mathbb{Z}\otimes\mathbb{R} \cong \mathbb{R},$ $\qquad\qquad \mathbb{R}\otimes\mathbb{Z}_m \cong \mathbb{Z}_m\otimes\mathbb{R} = 0$

$\text{Hom}(\mathbb{R},\mathbb{Z}) = 0, \quad \text{Hom}(\mathbb{Z},\mathbb{R}) \cong \mathbb{R}, \quad \text{Hom}(\mathbb{R},\mathbb{Z}_m) = 0, \quad \text{Hom}(\mathbb{Z}_m,\mathbb{R}) = 0$

$\text{Tor}(\mathbb{R},\mathbb{Z}) \cong \text{Tor}(\mathbb{Z},\mathbb{R}) = 0, \qquad \text{Tor}(\mathbb{R},\mathbb{Z}_m) \cong \text{Tor}(\mathbb{Z}_m,\mathbb{R}) = 0$

$\text{Ext}(\mathbb{Z},\mathbb{R}) = 0, \qquad\qquad\qquad \text{Ext}(\mathbb{Z}_m,\mathbb{R}) = 0$

確認 これらはみな可換群として($\mathbb{Z}$ 上の加群として)考えている.

§7.2 Künneth の公式

2つの空間 X, Y の積空間 $X \times Y$ の(コ)ホモロジー群を,それぞれの空間の(コ)ホモロジー群から導きだす公式を与えよう.

セル複体のホモロジー群は,チェイン複体より計算された(定理 5.7).X と Y のチェインのテンソル積は,自然に $X \times Y$ のチェインとみなされ,準同型写像
$$\times : H_p(X;\mathbb{Z}) \otimes H_q(Y;\mathbb{Z}) \longrightarrow H_{p+q}(X \times Y;\mathbb{Z})$$
を引き起こす.同様に,コホモロジー群にも,準同型
$$\times : H^p(X;\mathbb{Z}) \otimes H^q(Y;\mathbb{Z}) \longrightarrow H^{p+q}(X \times Y;\mathbb{Z})$$
を引き起こす.これらを,**クロス積**(cross product)による写像という.

次の定理は,クロス積による写像が単射であることを含んだ,より強い結果である.

定理 7.1（ホモロジー群の Künneth の公式）

$H_n(X \times Y; \mathbb{Z})$
$\cong \sum_{p+q=n} H_p(X; \mathbb{Z}) \otimes H_q(Y; \mathbb{Z}) \oplus \sum_{p+q=n-1} \text{Tor}(H_p(X; \mathbb{Z}), H_q(Y; \mathbb{Z}))$ □

定理 7.2（コホモロジー群の Künneth の公式）

$H^n(X \times Y; \mathbb{Z})$
$\cong \sum_{p+q=n} H^p(X; \mathbb{Z}) \otimes H^q(Y; \mathbb{Z}) \oplus \sum_{p+q=n+1} \text{Tor}(H^p(X; \mathbb{Z}), H^q(Y; \mathbb{Z}))$ □

§7.3 カップ積

ここで，空間のコホモロジー群に積の構造をいれるカップ積を定義しよう．どの空間 X にも，自分自身との積空間 $X \times X$ を考えたとき，点 $x \in X$ を $(x, x) \in X \times X$ へ写す**対角線写像**(diagonal map)

$$\triangle : X \longrightarrow X \times X$$

が連続写像として定まる．したがって，写像

$$\cup : H^p(X; G) \times H^q(X; G) \longrightarrow H^{p+q}(X; G)$$

が，クロス積との合成

$$H^p(X; G) \times H^q(X; G) \xrightarrow{\times} H^{p+q}(X \times X; G) \xrightarrow{\triangle^*} H^{p+q}(X; G)$$

により定まる．$a \in H^p(X; G)$, $b \in H^q(X; G)$ に対し，

$$a \cup b = \triangle^*(a \times b) \in H^{p+q}(X; G)$$

を，a と b の**カップ積**(cup product)という．定義から，コホモロジー群だけでなく，カップ積の構造もホモトピー型不変である．

カップ積は，次の性質が成立することがわかる（テンソル積の性質と，チェインのテンソル積をチェインとみなした方法から，自然に導かれる）．

$a \in H^p(X; G)$, $b \in H^q(X; G)$, $c \in H^r(X; G)$ に対し，

$$(a \cup b) \cup c = a \cup (b \cup c), \quad a \cup b = (-1)^{pq}(b \cup a)$$

連続写像 $f: X \to Y$ に対し，

$$f^*(a \cup b) = f^*(a) \cup f^*(b)$$

これにより,コホモロジー群 $H^*(X;G) = \sum_p H^p(X;G)$ は積をもち(環になる),f^* は積を保つ準同型(環準同型という)となる.

例 7.3 2次元球面 S^2 と4次元球面 S^4 の,それぞれの1点を,同じ点とみた空間 $S^2 \vee S^4$ の $\mathbb{Z}$ 係数コホモロジー群は,

$$H^j(S^2 \vee S^4; \mathbb{Z}) \cong \begin{cases} \mathbb{Z} & (j = 0, 2, 4) \\ 0 & (その他) \end{cases}$$

となり,カップ積の写像

$$\cup \colon H^2(S^2 \vee S^4; \mathbb{Z}) \times H^2(S^2 \vee S^4; \mathbb{Z}) \longrightarrow H^4(S^2 \vee S^4; \mathbb{Z})$$

は,0写像であることがわかる(演習問題 7.4 参照.ヒントもそこにある).一方,定理 9.11 で証明するが,2次元複素射影平面 $P^2(\mathbb{C})$ のコホモロジー群も

$$H^j(P^2(\mathbb{C}); \mathbb{Z}) \cong \begin{cases} \mathbb{Z} & (j = 0, 2, 4) \\ 0 & (その他) \end{cases}$$

となるが,

$$\cup \colon H^2(P^2(\mathbb{C}); \mathbb{Z}) \times H^2(P^2(\mathbb{C}); \mathbb{Z}) \longrightarrow H^4(P^2(\mathbb{C}); \mathbb{Z})$$

は,$\cup \colon \mathbb{Z} \times \mathbb{Z} \to \mathbb{Z}$ とみなして,$\cup(1,1) = 1$ となる. □

この例が示すように,カップ積は空間のより詳しい状況を見ているが,カップ積の幾何学的意味は一般にはとらえにくい.多様体に対しては,交差理論と密接に関連する.

§7.4 普遍係数定理

一般係数のホモロジー群は $\mathbb{Z}$ 係数のホモロジー群から計算され,一般係数のコホモロジー群は $\mathbb{Z}$ 係数のホモロジー群,または $\mathbb{Z}$ 係数のコホモロジー群から計算される.次の4つは**普遍係数定理**(universal coefficient theorem)といわれる公式である.

定理 7.4 一般係数のホモロジー群は,$\mathbb{Z}$ 係数のホモロジー群とねじれ積

を用いて計算できる.
$$H_n(X;G) \cong H_n(X;\mathbb{Z}) \otimes G \oplus \mathrm{Tor}(H_{n-1}(X;\mathbb{Z}), G) \qquad \square$$

定理 7.5 一般係数のコホモロジー群は，$\mathbb{Z}$ 係数のホモロジー群と拡大積を用いて計算できる.
$$H^n(X;G) \cong \mathrm{Hom}(H_n(X;\mathbb{Z}), G) \oplus \mathrm{Ext}(H_{n-1}(X;\mathbb{Z}), G) \qquad \square$$

定理 7.6 一般係数のコホモロジー群は，$\mathbb{Z}$ 係数のコホモロジー群とねじれ積からも計算できる.
$$H^n(X;G) \cong H^n(X;\mathbb{Z}) \otimes G \oplus \mathrm{Tor}(H^{n+1}(X;\mathbb{Z}), G) \qquad \square$$

定理 7.7 一般係数のホモロジー群は，$\mathbb{Z}$ 係数のコホモロジー群と拡大積からも計算できる.
$$H_n(X;G) \cong \mathrm{Hom}(H^n(X;\mathbb{Z}), G) \oplus \mathrm{Ext}(H^{n+1}(X;\mathbb{Z}), G) \qquad \square$$

《 要 約 》

7.1 可換群 G_1, G_2 に対し，$G_1 \otimes G_2$, $\mathrm{Hom}(G_1, G_2)$, $\mathrm{Tor}(G_1, G_2)$, $\mathrm{Ext}(G_1, G_2)$ が定義される.

7.2 それぞれの(コ)ホモロジー群のテンソル積を，積空間のコホモロジー群とみなす写像としてクロス積が定まる.

7.3 クロス積による写像は単射で，積空間の(コ)ホモロジー群は，Künneth の公式により計算される.

7.4 コホモロジー群には，カップ積の構造が入り，環となる.

7.5 一般係数の(コ)ホモロジー群は，$\mathbb{Z}$ 係数の(コ)ホモロジー群から，普遍係数定理により計算される.

──────── 演習問題 ────────

7.1 実射影平面 $P^2(\mathbb{R})$ の $\mathbb{Z}$ 係数ホモロジー群
$$H_0(P^2(\mathbb{R});\mathbb{Z}) \cong \mathbb{Z}, \qquad H_1(P^2(\mathbb{R});\mathbb{Z}) \cong \mathbb{Z}_2, \qquad H_2(P^2(\mathbb{R});\mathbb{Z}) = 0$$
を用いて，積空間 $P^2(\mathbb{R}) \times P^2(\mathbb{R})$ の $\mathbb{Z}$ 係数ホモロジー群を計算せよ.

7.2 ホモロジー群の結果を用いて，実射影平面 $P^2(\mathbb{R})$ の $\mathbb{Z}$ 係数コホモロジー群を求めよ．

7.3 積空間 $P^2(\mathbb{R}) \times P^2(\mathbb{R})$ の $\mathbb{Z}$ 係数コホモロジー群を計算せよ．

7.4
$$\cup \colon H^2(S^2 \vee S^4; \mathbb{Z}) \times H^2(S^2 \vee S^4; \mathbb{Z}) \longrightarrow H^4(S^2 \vee S^4; \mathbb{Z})$$
は，0写像であることを示せ．（ヒント：S^4 を1点につぶす全射写像 $f \colon S^2 \vee S^4 \to S^2$ を用いて考えよ．）

7.5 $\mathbb{Z}$ 係数ホモロジー群を用いて，実射影平面 $P^2(\mathbb{R})$ の $\mathbb{Z}_2$ 係数ホモロジー群を計算せよ．

7.6 $\mathbb{Z}$ 係数ホモロジー群を用いて，実射影平面 $P^2(\mathbb{R})$ の $\mathbb{Z}_2$ 係数コホモロジー群を計算せよ．

ファイバー束とベクトル束

　平面内の曲線を研究するには，各点でその微分を計算する．その正負の分布の様子により，曲線のおおまかな形が推察できる．同様に，曲面を研究するには，各点での接平面を調べ，その変化の様子により，曲面の大域的様子を知ることができる．これは次元が高くなっても同様で，高次元のなめらかな図形(正確には微分可能多様体)の研究でも，各点でそれに接する線形な空間を考えることが非常に重要である．このようにして，多様体の接ベクトル束，一般のベクトル束，ファイバー束の概念が生まれ，多様体の研究のための有力な手段として数学者の間に定着した．ところが物理学者も，素粒子論の場の理論の構成において独立にゲージ理論を作りだしたが，これはファイバー束の概念と全く同一のものであった．

　この章では，ファイバー束，ベクトル束を説明し，ベクトル束の同型類を完全に支配するGrassmann多様体の定義とその役割を調べる．

§8.1　ファイバー束

　まず，円周 S^1 と線分 $D^1 = [-1, 1]$ に対し，積空間 $E = S^1 \times D^1$ を考えよう．このとき，もちろん $\pi: E \to S^1$ という射影が自然に存在して，S^1 の中の開区間 U に対し $\pi^{-1}(U) = U \times D^1$ になっている(図8.1)．

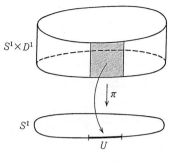

図 8.1　$S^1 \times D^1$

一方，Möbius の帯 M を考えよう．

このときも帯の中心は S^1 であり，M から S^1 への射影 π が存在する．S^1 の中の開区間 U に対し $\pi^{-1}(U) = U \times D^1$ となっている（図 8.2）．

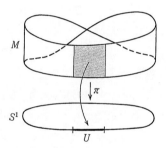

図 8.2　Möbius の帯

このように，位相空間 E, B, F と連続写像 $\pi: E \to B$ が存在して，$\pi^{-1}(b), b \in B$ はすべて F と同相，そして $b \in B$ の近傍 $U \subset B$ では $\pi^{-1}(U)$ は常に $U \times F$ と位相同型になっていて，$h: \pi^{-1}(U) \to U \times F$ をその位相同型写像，$p_1: U \times F \to U$ を第1成分への射影とするとき，図式

$$\pi^{-1}(U) \xrightarrow{h} U \times F$$
$$\pi \searrow \swarrow p_1$$
$$U$$

が可換となるとき，E を**全空間**(total space)，B を**底空間**(base space)，F を**ファイバー**(fiber)，π を**射影**(projection)とすると，これらを**ファイバー**

束(fiber bundle)といい,ファイバー束 (E, π, B, F) と書いたり,
$$F \longrightarrow E \xrightarrow{\pi} B$$
と表したりする.

$\pi^{-1}(U)$ と $U \times F$ の位相同型写像 h を**局所自明写像**(local trivialization)という.また,$b \in B$ に対し,$\pi^{-1}(b)$ は F と位相同型であり,b 上のファイバーとよばれる.

注意 他の本を読んでいる人から,構造群はどうしたという声が出るかもしれない.ここでは,常に構造群として,ファイバー F の自分自身への位相同型群 Homeo(F) を考えている.

例 8.1 直積空間 $E = B \times F$ は,最も簡単なファイバー束である.これを**トリビアル束**(trivial bundle)という. □

例 8.2 G を Lie 群,$H \subset G$, $K \subset H$ はそれぞれ閉部分群とする.そのとき
$$H/K \longrightarrow G/K \xrightarrow{\pi} G/H$$
はファイバー束となる.

特に,$G = SO(3)$, $H = SO(2)$, $K = \{e\}$(単位元のみからなる群)とすると
$$S^1 = SO(2) \longrightarrow SO(3) \longrightarrow S^2 = SO(3)/SO(2)$$
という S^1 をファイバー,S^2 を底空間とするファイバー束を得る.

より一般的に,$G = SO(n+1)$, $H = SO(n)$, $K = SO(n-1)$ とすると
$$S^{n-1} = SO(n)/SO(n-1) \longrightarrow SO(n+1)/SO(n-1)$$
$$\longrightarrow S^n = SO(n+1)/SO(n)$$
という S^{n-1} をファイバー,S^n を底空間とするファイバー束を得るが,これは,球面の**接球束**(tangent sphere bundle)とよばれるものである.

また,$G = SU(2)$, $H = U(1)$, $K = \{e\}$ とする.自然な中への同型写像 $U(1) \to SU(2)$ により,
$$U(1) \to SU(2) = S^3 \to SU(2)/U(1) = S^2$$
というファイバー束を得る.射影 $\pi: SU(2) = S^3 \to SU(2)/U(1) = S^2$ は,**Hopf の写像**(Hopf map)とよばれ,$\pi_3(S^2) \cong \mathbb{Z}$ の生成元を与える(例 3.15

参照).　　　　　　　　　　　　　　　　　　　　　　　　　□

　ファイバー束というものが定義されたから，その間のファイバー写像とは何か，そして，ファイバー束が同型であるとはどういうことなのかを定めよう.

定義 8.3　ファイバー F が等しい 2 つのファイバー束 (E, π, B, F) と (E', π', B', F) が与えられたとする．そのとき，**ファイバー写像**(fiber map)
$$f : (E, \pi, B, F) \longrightarrow (E', \pi', B', F)$$
とは，連続写像の組
$$f = (f_1, f_2), \quad f_1 : E \longrightarrow E', \quad f_2 : B \longrightarrow B'$$
で，次の図式が可換

$$\begin{array}{ccc} E & \xrightarrow{f_1} & E' \\ \pi \downarrow & & \downarrow \pi' \\ B & \xrightarrow{f_2} & B' \end{array}$$

(すなわち，$f_2 \circ \pi = \pi' \circ f_1$)で，さらに，すべての $b \in B$ に対し，f_1 をファイバー $\pi^{-1}(b)$ に制限すると，
$$f_1 : \pi^{-1}(b) \longrightarrow \pi'^{-1}(f_2(b))$$
が位相同型となるものである.　　　　　　　　　　　　　　　□

　ファイバー束 (E, π, B, F) と，かってな写像 $g : A \to B$ が与えられたとき，A 上に (D, ρ, A, F) を自然につくり，g が底空間の写像となるようなファイバー写像 $\tilde{g} = (\hat{g}, g) : (D, \rho, A, F) \to (E, \pi, B, F)$ をつくることができることを示そう.

○ **構成法**
$$D = \{(a, e) \in A \times E \mid g(a) = \pi(e)\}$$
$$\rho(a, e) = a$$
$$\hat{g}(a, e) = e$$

　これで，(D, ρ, A, F) がファイバー束となり，$(\hat{g}, g)$ がファイバー写像となることは，直ちにわかるであろう．この (D, ρ, A, F) を，写像 $g : A \to B$ による (E, π, B, F) の**誘導束**(induced bundle)といい，$g^*((E, \pi, B, F))$（または，

$\xi = (E, \pi, B, F)$ として，$g^*(\xi)$ と書く．

例 8.4 $g: A \to B$ を定値写像とする．このとき，任意のファイバー束 $\xi = (E, \pi, B, F)$ に対して，誘導束 $g^*(\xi)$ はトリビアル束となる． □

ファイバー写像の定義より，ファイバー束の同型という意味が，次のようにして定まる．

定義 8.5 ファイバー F が等しい 2 つのファイバー束 $(E, \pi, B, F), (E', \pi', B', F)$ が**ファイバー束同型**であるとは，ファイバー写像 $f = (f_1, f_2): (E, \pi, \beta, F) \to (E', \pi', \beta', F)$ とファイバー写像 $g = (g_1, g_2): (E', \pi', B', F) \to (E, \pi, B, F)$ が存在して，

$$g_1 \circ f_1 = id_E, \quad f_1 \circ g_1 = id_{E'}$$

となることである． □

このとき

$$g_2 \circ f_2 = id_B, \quad f_2 \circ g_2 = id_{B'}$$

となり，E と E'，B と B' はそれぞれ位相同型となる．

例 8.6 ファイバー写像 $f = (f_1, f_2): (E, \pi, B, F) \to (E', \pi', B', F)$ が与えられたら，ファイバー束 $\xi = (E, \pi, B, F)$ は，誘導束 $f_2^*(\xi')$ と同型である．ただし，$\xi' = (E', \pi', B', F)$． □

例 8.7 少しわかりにくいかもしれないが，トリビアル束 $\xi = (E, \pi, B, F)$ であっても，トリビアル束 $B \times F$ との底空間の恒等写像 $id: B \to B$ を引き起こすファイバー束の同型写像は単一ではなく，無数にある（ファイバーを回転してもよいから）．トリビアル束とのファイバー束の同型写像を固定することを，物理では，ゲージを定めるという簡単な表現を用いる． □

§8.2 ベクトル束

まだ学んでいないかもしれないが，幾何的図形の中で多様体とよばれる非常に美しい性質をもつ一群がある．簡単にいうと，図形の各点の近傍がつねに同じ次元の Euclid 空間 $\mathbb{R}^n$ と位相同型になっているものである．多様体の

線形近似として，接ベクトル束というものがある．多様体の研究には欠かせない道具である．我々は，多様体を深く研究するために，よりやさしい接ベクトル束を学ぼう．

接ベクトル束はベクトル束の特別なものであり，ベクトル束とはファイバー束の特別なものである．まず，ベクトル束の定義を与えよう．ベクトル空間として実数上でも複素数上でもどちらでもよいので，$\mathbb{R}^n, \mathbb{C}^n$ のどちらかの代わりに V^n と書く．

定義 8.8 n 次元ベクトル束(vector bundle)とは，位相空間 E, B と連続写像 $\pi: E \to B$ であって，任意の $b \in B$ に対して，$\pi^{-1}(b)$ には n 次元ベクトル空間の構造が入っていて(すなわち $\pi^{-1}(b)$ の元に対して和とスカラー倍が定義されて，ベクトル空間の性質を満たしている)，それらが次の**局所自明性**(local triviality)をもっているものである．

任意の $b \in B$ に対し，b の近傍 $U \subset B$ と次のような位相同型
$$h: \pi^{-1}(U) \longrightarrow U \times V^n$$
が存在して，すべての $b \in U$ に対し，$x \in \pi^{-1}(b)$ から $h(b, x)$ の対応がベクトル空間 $\pi^{-1}(b)$ と V^n との線形同型になっている． □

このように n 次元ベクトル束とは，ファイバー束であって，ファイバーが n 次元ベクトル空間になっており，局所自明写像がベクトル構造を保つものである．

n 次元ベクトル束は，ファイバーが定まっているから (E, π, B) と表すことも多い．直積空間 $E = B \times V^n$ は，最も簡単なベクトル束である．これを**トリビアルベクトル束**(trivial vector bundle)という．

例 8.9 1次元実トリビアルベクトル束 $E = B \times \mathbb{R}$ のほか，Möbius の帯も，ファイバーを1次元実ベクトル空間とみなすと，1次元ベクトル束である． □

最も重要な例は，次のものであることが，いずれ理解されるであろう．

例 8.10 M を n 次元微分可能な多様体とする．M の接ベクトル全体のなす空間 TM は，自然に n 次元実ベクトル束の全空間となり，底空間は M となる． □

ベクトル束写像とベクトル束の同型の定義も自然に定義される.

定義8.11 2つの n 次元ベクトル束 (E, π, B) と (E', π', B') の間の**ベクトル束写像**(vector bundle map)とは,ファイバー写像 $f = (f_1, f_2)$ であって,すべての $b \in B$ に対し,f_1 を各ファイバー $\pi^{-1}(b)$ に制限すると,
$$f_1|_{\pi^{-1}(b)} : \pi^{-1}(b) \longrightarrow \pi'^{-1}(f_2(b))$$
が線形同型となるものである. □

定義8.12 2つの n 次元ベクトル束 (E, π, B) と (E', π', B') が,**ベクトル束同型**(vector bundle isomorphism)であるとは,ベクトル束写像 $f = (f_1, f_2) : (E, \pi, B) \to (E', \pi', B')$ と $g = (g_1, g_2) : (E', \pi', B') \to (E, \pi, B)$ が存在して,
$$g_1 \circ f_1 = id_E, \quad f_1 \circ g_1 = id_{E'}$$
となることである. □

基本的な問題 自然数 n を固定したとき,ある空間を底空間とする n 次元ベクトル束はどれだけあるだろう(もちろんベクトル束同型のものは1つと数える).

例8.13 S^1 上の1次元実ベクトル束はちょうど2つある.トリビアルベクトル束 $S^1 \times \mathbb{R}$ と Möbius の帯に対応する1次元ベクトル束である(例8.21参照). □

歴史 4次元球面上の4次元実ベクトル束は無限個存在する.1957年 J. Milnor は,この中には,ベクトル束として同型ではないが,全空間が位相同型なものがあることを示した.これを用いて,7次元球面 S^7 と位相同型であって微分位相同型でない,いくつかの多様体を発見し,数学界に大きな衝撃をあたえた.

上の基本的問題は,底空間から Grassmann 多様体への写像のホモトピー類の分類の問題となり,ベクトル束の違いを,特性類というコホモロジー群の元で測ることができるという見事な結果が知られており,それらについて,この章の残りと次の章でできるだけやさしく説明しようと思う.

§8.3 Grassmann多様体

(a) Grassmann多様体の定義

$m>n$ なる2つの自然数 m,n に対して，m 次元実ベクトル空間 $\mathbb{R}^m$ の中の n 次元線形部分空間全体のなす空間を $G^{\mathbb{R}}(m,n)$ と書いて，**実 Grassmann 多様体**(Grassmann manifold)とよぶ(全く同様に，複素 Grassmann 多様体 $G^{\mathbb{C}}(m,n)$ が定義される)．このように1つの n 次元部分空間を1点と考えたとき，それら(n 次元線形部分空間)全体のなす空間というものをイメージできるだろうか．

例8.14 $m=2, n=1$ とする．そのとき2次元平面 $\mathbb{R}^2$ の中の1次元部分空間は，原点を通る傾き θ $(-\infty \leq \theta \leq +\infty)$ の直線で表され，傾き $-\infty$ と傾き $+\infty$ の直線は y 軸であるから同じものである．よって，$G^{\mathbb{R}}(2,1)$ は数直線(θ を座標としている)の $+\infty$ と $-\infty$ とを同一視した円周に(位相同型として)等しい，すなわち，

$$G^{\mathbb{R}}(2,1) = S^1$$ □

例8.15 $m=3, n=1$ の場合．$\mathbb{R}^3$ の中の原点を通る直線には，S^2 との交点を対応させることができる．S^2 の交点は，S^2 の互いに正反対側にある2点(対点)で，この2点と1つの1次元線形部分空間が1対1に対応している．したがって $G^{\mathbb{R}}(3,1)$ は S^2 の対点を同一視したもの，いいかえれば，前に説明した2次元実射影平面 $P^2(\mathbb{R})$ である．すなわち，

$$G^{\mathbb{R}}(3,1) = P^2(\mathbb{R})$$

さらに $G^{\mathbb{R}}(3,2)$ は $G^{\mathbb{R}}(3,1)$ と位相同型であることはすぐわかるが(2次元部分空間に直交する直線を考えよ)，一般に，

$$G^{\mathbb{R}}(m,n) = G^{\mathbb{R}}(m,m-n)$$

が成立する． □

また，$G^{\mathbb{R}}(m,n)$ は $n\times(m-n)$ 次元のコンパクト多様体である(すなわちコンパクトな位相空間で，$G^{\mathbb{R}}(m,n)$ のすべての点の近傍として，$\mathbb{R}^{n\times(m-n)}$ と位相同型なものがとれる)．k 次の直交群 $O(k)$ の定義を知っている読者は，

$$G^{\mathbb{R}}(m,n) = O(m)/O(m-n) \times O(n)$$

が推察できるであろう．このように Grassmann 多様体は種々の側面をもった楽しい空間であるが，実は，この空間の極限 $\lim_{m\to\infty} G^{\mathbb{R}}(m,n)$ が，すべての位相空間の上の n 次元ベクトル束の同型類を支配する帝王なのである．これを次に述べよう．

(b) **Grassmann 多様体上の標準ベクトル束**

$G^{\mathbb{R}}(m,n)$ に対して，積空間 $G^{\mathbb{R}}(m,n) \times \mathbb{R}^m$ の中の部分集合
$$E = \{(X,x) \in G^{\mathbb{R}}(m,n) \times \mathbb{R}^m \mid x \in X\}$$
を考える．これは，$G^{\mathbb{R}}(m,n)$ の 1 点 X (n 次元線形部分空間) に，X に含まれる $\mathbb{R}^m$ の点 x たちをくっつけた位相空間で，$G^{\mathbb{R}}(m,n)$ の各点がそれぞれ $\mathbb{R}^n$ と位相同型なお供をひきつれているといったものである．このとき，射影 $\pi: E \to G^{\mathbb{R}}(m,n)$ を，$\pi(X,x) = X$ と定めると，
$$\gamma^n(G^{\mathbb{R}}(m,n)) \equiv (E, \pi, G^{\mathbb{R}}(m,n))$$
は，E を全空間，$G^{\mathbb{R}}(m,n)$ を底空間とする n 次元ベクトル束となることは明らかであろう．この Grassmann 多様体 $G^{\mathbb{R}}(m,n)$ 上に自然に定まった n 次元ベクトル束 $\gamma^n(G^{\mathbb{R}}(m,n))$ を (単に γ^n，または γ と書くこともあるが) Grassmann 多様体上の**標準ベクトル束** (canonical vector bundle) という．

例 8.16 $\gamma^1(G^{\mathbb{R}}(2,1))$ は Möbius の帯に等しい． □

例 8.17 $\gamma^1(G^{\mathbb{R}}(3,1))$ を想像するのは少しむずかしい．まず，
$$G^{\mathbb{R}}(3,1) = P^2(\mathbb{R}) = (\text{Möbius の帯}) \cup D^2$$
と考える．Möbius の帯の中心 S^1 の上の Möbius の帯に対応する 1 次元ベクトル束を考え，それを Möbius の帯上に広げると，帯のふちでは，1 次元トリビアルベクトル束となる．このベクトル束を D^2 まで拡張ししたものが E である． □

(c) **分類空間としての Grassmann 多様体**

$\mathbb{R}^m$ の n 次元部分空間は $\mathbb{R}^{m+1}$ の n 次元部分空間とみなせるから，次のような包含列が存在する．

$$G^{\mathbb{R}}(n+1,n) \subset G^{\mathbb{R}}(n+2,n) \subset \cdots \subset G^{\mathbb{R}}(n+N,n) \subset \cdots$$

その標準ベクトル束の包含列も存在する.

$$\gamma^n(G^{\mathbb{R}}(n+1,n)) \subset \gamma^n(G^{\mathbb{R}}(n+2,n)) \subset \cdots \subset \gamma^n(G^{\mathbb{R}}(n+N,n)) \subset \cdots$$

次の重要な定理が成立する. 証明はきちんと与えないが, そのあらすじだけを簡単にのべることとする.

定理 8.18 X を任意のセル複体とし, $\xi=(E,\pi,X)$ を任意の n 次元ベクトル束とする. そのとき, N を十分大きく(実は, $\dim X$ より 2 以上大きく)とれば, ξ から標準ベクトル束 $\gamma^n(G^{\mathbb{R}}(n+N,n))$ へのベクトル束写像が存在する. したがって, ξ は, γ^n から誘導されたベクトル束となる.

［証明のあらすじ］ 標準ベクトル束 $\gamma^n(G^{\mathbb{R}}(n+N,n))$ へのベクトル束写像が存在することと, E から $\mathbb{R}^{n+N}$ への写像で各ファイバーの像がすべて $\mathbb{R}^{n+N}$ の n 次元線形部分空間になっているものが存在することとは, 相等しい. このような E から $\mathbb{R}^{n+N}$ への写像が, N を大きくさえすれば, 存在することを示すことができる. ちなみに, トリビアルベクトル束 $\xi=(E,\pi,B,F)$ の場合は $N=0$ でよい. ∎

このとき, 前に説明したように(例 8.6), ベクトル束写像の存在と誘導束とは同じことであったから, 定理のベクトル束写像を $\tilde{g}=(\hat{g},g)$ と書くと, $g: B \to G^{\mathbb{R}}(n+N,n)$ で,

$$\xi = g^*(\gamma^n(G^{\mathbb{R}}(n+N,n)))$$

となる.

すなわち, $\gamma^n=\gamma^n(G^{\mathbb{R}}(n+N,n))$ は, X 上のどんな n 次元ベクトル束 ξ よりも複雑であり, ξ は必ず γ^n から誘導される(複雑さが減少する)というのがこの定理である.

2つのベクトル束写像が, ベクトル束写像として連続的に移りあうとき, この2つのベクトル束写像は**束ホモトピック**(bundle homotopic)であるという. 束ホモトピックである2つのベクトル束写像のそれぞれが底空間に引き起こす写像は, (ふつうの連続写像として)ホモトピックである.

次の定理が成立するが, 証明は定理 8.18 の場合と変わらない.

定理 8.19 X を任意のセル複体とし, $\xi=(E,\pi,X)$ を任意の n 次元ベク

トル束とする．そのとき，N を十分大きく（$\dim X$ より 3 以上大きく）とれば，ξ から標準ベクトル束 $\gamma^n(G^{\mathbb{R}}(n+N,n))$ への任意の 2 つのベクトル束写像は，ホモトピックとなる． □

任意の写像 $f: X \to G^{\mathbb{R}}(n+N,n)$ は，X 上に誘導束 $f^*\gamma^n$ を与えるから，定理 8.19 の帰結として，次の定理が成立する．

定理 8.20 X から $G^{\mathbb{R}}(n+N,n)$ $(N \geq \dim X + 3)$ への写像のホモトピー類全体と，X 上の n 次元ベクトル束全体（束同型なものは同じものとみる）は，1 対 1 に対応する． □

例 8.21 $X = S^1$ とし，S^1 上の 1 次元ベクトル束全体を考える．この集合は 2 点からなる（トリビアルベクトル束と Möbius 束（例 8.13 参照））．一方，$G^{\mathbb{R}}(1+N,1)$ は，N 次元実射影空間 $P^N(\mathbb{R})$ と位相同型であり，S^1 から $P^N(\mathbb{R})$ への写像のホモトピー類全体も 2 つであることがすぐわかる（定値写像とホモトピックなものと，1 次元実射影空間 $P^1(\mathbb{R}) = S^1 \subset P^N(\mathbb{R})$ への位相同型写像とホモトピックなもの）． □

N を大きくした Grassmann 多様体 $G^{\mathbb{R}}(n+N,n)$ を記号的に $\lim_{N \to \infty} G^{\mathbb{R}}(n+N,n)$ と書き，それを簡単に $BO(n)$ と表す．すなわち

$$BO(n) = \lim_{N \to \infty} G^{\mathbb{R}}(n+N,n)$$

空間 X 上のベクトル束の同型類全体と，X から $BO(n)$ へのホモトピー類全体が，1 対 1 に対応することになるから，$BO(n)$ は，n 次元実ベクトル束の**分類空間**(classifying space)とよばれる．Grassmann 多様体 $G^{\mathbb{R}}(n+N,n)$ は，等質空間(Lie 群の部分 Lie 群による商空間)として，$G^{\mathbb{R}}(n+N,n) = O(n+N)/O(n) \times O(N)$ と表されたから，

$$BO(n) = \lim_{N \to \infty} O(n+N)/O(n) \times O(N) = O(n+\infty)/O(n) \times O(\infty)$$

と表すことができる．

また，複素ベクトル束の分類も，複素 Grassmann 多様体 $G^{\mathbb{C}}(n+N,n)$ と，分類空間

$$BU(n) = \lim_{N \to \infty} U(n+N)/U(n) \times U(N) = U(n+\infty)/U(n) \times U(\infty)$$

により，全く同様の結果を得る．

以上より，n 次元実(複素)ベクトル束全体を分類するという基本的な問題は，分類空間 $BO(n)(BU(n))$ への写像のホモトピー類全体のなす集合を調べるという問題に変わった．

これはやさしくなったと言えるのであろうか？ ここでコホモロジー群が役に立つのである．X から $BO(n)$ への写像 f は，すべての係数群 G に対し，
$$f^*\colon H^*(BO(n);G) \longrightarrow H^*(X;G)$$
というコホモロジーの準同型を導く．ホモトピックな写像は同じ準同型を導いた．もし写像が定値写像ならば，$H^*(BO(n);G)$ の 0 次元でないすべての元は 0 に写される．定値写像はトリビアルベクトル束に対応していた．したがって，1 次元以上の 0 でない元 $c \in H^*(BO(n);G)$ の写された行き先 $f^*(c) \in H^*(X;G)$ が消えていないことが，対応する X 上のベクトル束 $f^*(\gamma^n)$ の非自明性(ノントリビアリティ)を保証する．

1 次元以上の 0 でない元 $c \in H^*(BO(n);G)$ に対しての $f^*(c) \in H^*(X;G)$ を，X 上のベクトル束 $f^*(\gamma^n)$ の **特性類**(characteristic class) という．

問題は 0 でない元 $c \in H^*(BO(n);G)$ が，どれだけ存在するか？ということになる．複素ベクトル束の分類空間のコホモロジー群 $H^*(BU(n);\mathbb{R})$ を，次の章で詳しく調べ，$H^*(BO(n);G)$ に関しては，結果だけを述べる．

《要約》

8.1 局所的には直積であるが，大局的にはそうとは限らないものを，ファイバー束という．

8.2 ファイバー束の各ファイバーがベクトル空間の構造をもっているものを，ベクトル束という．

8.3 ベクトル空間内の部分ベクトル空間全体は，Grassmann 多様体をなし，その上には，標準ベクトル束が定まる．

8.4 ベクトル束の同型類全体は，Grassmann 多様体の極限の分類空間へのホモトピー類と 1 対 1 対応する．

─────── 演習問題 ───────

8.1 円周 S^1 の自分自身への位相同型写像 $r: S^1 \to S^1$ を，S^1 を左右対称に分割する鉛直直線に対しての折り返しと定義する．区間 $I = [0, 1]$ と円周 S^1 の直積空間 $I \times S^1$ において，両端の2つの円周 $\{0\} \times S^1$ と $\{1\} \times S^1$ の，$\{0\} \times x$ と $\{1\} \times r(x)$ を，すべての $x \in S^1$ に対して同じ点とみなした空間を **Klein のつぼ**(Klein's bottle) という．Klein のつぼは，ファイバー束の全空間となることを示せ．

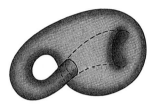

図 8.3 Klein のつぼ

8.2 複素 Grassmann 多様体 $G^{\mathbb{C}}(2, 1)$ は，2次元球面 S^2 と位相同型であることを示せ．

9 スペクトル系列

　積空間のホモロジー群は前章の Künneth の公式で計算できるが，ファイバー束の全空間のホモロジー群を底空間とファイバーのホモロジー群に関係づけるのが，スペクトル系列の理論である．それは一見複雑にみえるが，いったん覚えれば実に魅力的な計算システムであることが実感される．現代数学で重要な位置をしめているベクトル束の特性類(Chern 類)の存在が，スペクトル系列を用いて示される．

§9.1　完全カップルとスペクトル系列

　完全カップル(exact couple) (D, E, i, j, k) とは，2 つの可換群 D, E と準同型 $i: D \to D$, $j: D \to E$, $k: E \to D$ で次の図式がすべて完全系列となるものである：

$$\begin{array}{ccc} D & \xrightarrow{i} & D \\ {}_k\nwarrow & & \swarrow_j \\ & E & \end{array}$$

すなわち，

$$E \text{において}, \quad \operatorname{Ker} k = \operatorname{Im} j$$
$$D \text{において}, \quad \operatorname{Ker} i = \operatorname{Im} k$$
$$D \text{において}, \quad \operatorname{Ker} j = \operatorname{Im} i$$

が成り立っている.

完全カップルにおいて,
$$d \equiv jk : E \longrightarrow E$$
とおくと,
$$d^2 = dd = (jk)(jk) = j(kj)k = 0$$
が成り立つ.

1つの完全カップルから**導来カップル**(derived couple)

$$\begin{array}{ccc} D' & \xrightarrow{i'} & D' \\ {}_{k'}\nwarrow & & \swarrow{}_{j'} \\ & E' & \end{array}$$

が次のように作られる.
$$D' \equiv i(D) \ (= \operatorname{Ker} j) \subset D$$
$$E' \equiv H(E, d) \ (= \operatorname{Ker} d / \operatorname{Im} d)$$
とおき,
$$i' : D' \longrightarrow D', \quad j' : D' \longrightarrow E', \quad k' : E' \longrightarrow D'$$
を次のように定義する.
$$i' \equiv i|_{D'} : D' \longrightarrow D' \quad (i \text{ の } D' \text{ への制限})$$
$$j' \equiv ji^{-1} : D' \equiv i(D) \longrightarrow \operatorname{Ker}(dj) \longrightarrow \operatorname{Ker} d / \operatorname{Im} d \equiv E'$$
すなわち, $i(x) \in D'$ に対して, $d(j(x)) = (jk)j(x) = 0$ より, $j(x)$ はホモロジー類 $[j(x)] \in H(E, d) \equiv E'$ を決めるから, その類を $j'(i(x)) \equiv [j(x)]$ と定める (この j' の定義は, $i(x') = i(x) \in D'$ となる x' を取っても, $\operatorname{Ker} i = \operatorname{Im} k$ より, $x' - x = k(y)$, $j(x') - j(x) = jk(y) = d(y)$ となり, $[j(x)] = [j(x')]$ が成立するから, 矛盾のないよい定義である).

また, k' の定義は
$$k'[y] \equiv k(y)$$
すなわち, $[y] \in E'$, $y \in \operatorname{Ker} d$ に対し, $jk(y) = d(y) = 0$ より, $k(y) \in \operatorname{Ker} j = \operatorname{Im} i$. よって, $k(y) \in D'$ だから, $k'[y]$ を D' の元として定める(この k' の定義は, $[y'] = [y] \in E'$ を取っても, $y' - y = d(z)$ より, $k(y') - k(y) = kd(z) = (kj)k(z) = 0$ が成立するから, 矛盾のないよい定義である).

したがって，上の図式の導来カップルができる．

例題 9.1 導来カップルの図式は完全となる．すなわち

$$\text{Ker } i' = \text{Im } k'$$
$$\text{Ker } k' = \text{Im } j'$$
$$\text{Ker } j' = \text{Im } i'$$

[解] ゆっくりやりさえすれば必ずできてしまう楽しい問題である． ∎

これを繰り返すと，完全カップルである n 次導来カップル

$$\begin{array}{ccc} D^n & \xrightarrow{i^n} & D^n \\ & \nwarrow_{k^n} \swarrow_{j^n} & \\ & E^n & \end{array}$$

が自然に作られる．

定義 9.2 このようにして作られた可換群 E^n と，その自分自身への準同型 $d^n = j^n k^n : E^n \to E^n$ ($d^n d^n = 0$ となっている) の組の列 (E^n, d^n) ($n = 1, 2, \cdots$) を，完全カップル (D, E, i, j, k) の**スペクトル系列**(spectral sequence)という ($E^{n+1} = H(E^n, d^n)$ となっている). スペクトル系列が**収束**(convergence)するとは，ある $k > 0$ が存在して，常に $d^n = 0$ ($n \geq k$) が成立することとする. このとき，$\text{Ker } d^n = E^n$, $\text{Im } d^n = 0$ だから，

$$E^k = E^{k+1} = E^{k+2} = \cdots$$

となり，この等しい可換群を E^∞ と書く． ∎

少し必要な用語を説明する.

定義 9.3 可換群 A が**複階数付**(bigraded)であるとは，

$$A = \sum_{p \in \mathbb{Z}} \sum_{q \in \mathbb{Z}} A_{p,q} \quad (\text{直和})$$

と表されていることである．可換群 A が**第 1 象限複階数付**(first quadrant bigraded)であるとは，

$$A = \sum_{p=0}^{\infty} \sum_{q=0}^{\infty} A_{p,q}$$

と表されていることである．準同型

$$f: A = \sum_{p \in \mathbb{Z}} \sum_{q \in \mathbb{Z}} A_{p,q} \longrightarrow A = \sum_{p \in \mathbb{Z}} \sum_{q \in \mathbb{Z}} A_{p,q}$$

の**複次数**(bidegree)が (a, b) であるとは，すべての $p, q \in \mathbb{Z}$ に対して
$$f(A_{p,q}) \subset A_{p+a, q+b}$$
が成立することである。 □

$A_{p,q} \neq 0$ のとき，(x, y) 平面の整数座標 (p, q) の点に黒点・を打つと，可換群 A が第1象限複階数付ならば，黒点は，すべて第1象限に含まれる．

定義9.4 準同型 $d: A \to A$ が，
$$dd = 0$$
を満たすとき，d を**微分**(differential)という． □

例えば，複次数が $(-n, n-1)$ の微分 $d: A = \sum_{p \in \mathbb{Z}} \sum_{q \in \mathbb{Z}} A_{p,q} \to A = \sum_{p \in \mathbb{Z}} \sum_{q \in \mathbb{Z}} A_{p,q}$ は，
$$A_i \equiv \sum_{p+q=i} A_{p,q}$$
$$d_i = d \mid_{A_i}: A_i \longrightarrow A_{i-1}$$
とおくと，チェイン複体
$$\cdots \longrightarrow A_{i+1} \xrightarrow{d_{i+1}} A_i \xrightarrow{d_i} A_{i-1} \xrightarrow{d_{i-1}} A_{i-2} \longrightarrow \cdots$$
を定める(図9.1)．

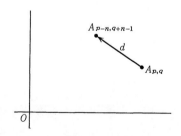

図9.1 微分

複階数付の完全カップルから出発すると，複階数付のスペクトル系列を得る．

§9.2 ファイバー束のスペクトル系列

積空間 $B \times F$ のホモロジーは，B と F のホモロジーから Künneth の定理より計算されるが，B を底空間，F をファイバーとするファイバー束 (E, π, B, F) の全空間 E のホモロジーを，B および F から計算する方法を Serre が示した．この場合は積空間のように，単なるテンソル積等で計算されず，スペクトル系列の収束する極限 E_∞ として，$H_*(E; G)$ の様子がわかるのである．

様子がわかるとは，次にのべる定理9.6と9.9が成立することである．

B を単連結なセル複体とする．$q = 0, 1, 2, \cdots$ に対し，B^q で B の q 切片，すなわち，q 次元以下のセル全体を表す．よって，
$$\varnothing = B^{-1} \subset B^0 \subset B^1 \subset \cdots \subset B^b = B \quad (b = \dim B)$$
また，
$$E^q = \pi^{-1}(B^q) \subset E$$
とおく．そのとき，
$$\varnothing = E^{-1} \subset E^0 \subset E^1 \subset \cdots \subset E^b = E$$
また，可換群 G を固定し，
$$F_{p,q} \equiv \mathrm{Im}(H_{p+q}(E^p; G) \longrightarrow H_{p+q}(E; G))$$
とおく．

次の命題は，E の n 次元ホモロジー群は E の底空間 B の n セル上までの制限で実現されるということで，定理5.7の証明と同じ議論で示される．

命題 9.5 任意の $n = 0, 1, 2, \cdots$ に対して，
$$H_n(E; G) = F_{n,0} \equiv \mathrm{Im}(H_n(E^n; G) \longrightarrow H_n(E; G)) \qquad \square$$

したがって，次の包含列が存在する．
$$0 = F_{-1, n+1} \subset F_{0, n} \subset \cdots \subset F_{n-1, 1} \subset F_{n, 0} = H_n(E; G)$$

定理 9.6 (Serre のホモロジースペクトル系列) G を可換群，B を単連結なセル複体，(E, π, B, F) をファイバー束とする．そのとき収束するスペクトル系列 (E^n, d^n) をもつ完全カップルが自然に定義され，次が成り立つ．

（1） $E^n = \sum_{p=0}^{\infty} \sum_{q=0}^{\infty} E_{p,q}^n$（第1象限複階数付）
d^n は複次数 $(-n, n-1)$ をもつ微分： $d^n(E_{p,q}^n) \subset E_{p-n,q+n-1}^n$
（2） $E_{p,q}^2 \cong H_p(B; H_q(F;G))$
（3） $E_{p,q}^\infty \cong F_{p,q}/F_{p-1,q+1}$

この系列を，（G を係数とする）ファイバー束 (E, π, B, F) のスペクトル系列という． □

セル複体のチェイン複体の3対 $\bar{C}_*(E), \bar{C}_*(E^p), \bar{C}_*(E^{p-1})$ から得られるホモロジー完全系列が，出発点の完全カップル

$$D^1 = \sum_{p,q} H_{p+q}(\bar{C}_*(E)/\bar{C}_*(E^{p-1})) \xrightarrow{i} D^1 = \sum_{p,q} H_{p+q}(\bar{C}_*(E)/\bar{C}_*(E^{p-1}))$$
$$\kappa \nwarrow \qquad \swarrow j$$
$$E^1 = \sum_{p,q} H_{p+q}(\bar{C}_*(E^p)/\bar{C}_*(E^{p-1}))$$

を与える.

省察 これが定理であるが，この意味を理解できるであろうか．B と F のホモロジーから計算される $E_{p,q}^2$ から，ホモロジーを何度もとっていく（$E_{p,q}^3, E_{p,q}^4, \cdots$ を計算していく）．そのときの収束する群 $E_{p,q}^\infty$ が，$H_n(E)$ の部分群の列 $0 = F_{-1,n+1} \subset F_{0,n} \subset \cdots \subset F_{n-1,1} \subset F_{n,0} = H_n(E;G)$ の隣どうしの群の商 $F_{p,q}/F_{p-1,q+1}$ に等しいというのである．

$E_{p,q}^2 = H_p(B; H_q(F;G))$ は，§7.4 普遍係数定理より，
$$H_p(B;\mathbb{Z}) \otimes H_q(F;G) \oplus \mathrm{Tor}(H_{p-1}(B;\mathbb{Z}), H_q(F;G))$$
と同型になる.

例 9.7 (E, π, B, F) が，トリビアルファイバー束 $(E = B \times F)$ ならば，$d^n = 0 \, (n \geqq 2)$ が成立し，
$$E^2 = E^3 = \cdots = E^\infty$$
となる．さらに，
$$H_n(B \times F; \mathbb{Z})$$

$$= \sum_{p+q=n} H_p(B;\mathbb{Z}) \otimes H_q(F;\mathbb{Z}) \oplus \sum_{p+q=n-1} \mathrm{Tor}(H_p(B;\mathbb{Z}), H_q(F;\mathbb{Z}))$$

となり，これは，Künneth の公式そのものである． □

定義 9.8 スペクトル系列で，$d^n = 0$ $(n \geq 2)$ が成立し，したがって，
$$E^2 = E^3 = \cdots = E^\infty$$
となるとき，スペクトル系列はつぶれる (collapse) という． □

トリビアルファイバー束でないが，つぶれるスペクトル系列が，§9.6 以降で有効に働く．

上のスペクトル系列で，$r > 0$ ならば，y 軸の上の点 $E_{0,q}^r$ は，(d^r の行き先 $E_{-r,q+r-1}^r$ が，第 2 象限にはいり 0 となるから）輪体．よって，ホモロジー類への自然な全射
$$E_{0,q}^r \longrightarrow E_{0,q}^{r+1}$$
が存在する．また，$F_{-1,q+1} = 0$ より，$E_{0,q}^\infty \cong F_{0,q}/F_{-1,q+1} = F_{0,q} \subset H_q(E;G)$ である．定理 9.6(2) より，$E_{0,q}^2 \cong H_0(B; H_q(F;G))$ であるが，普遍係数定理と $H_0(B;\mathbb{Z}) \cong \mathbb{Z}$ より，$E_{0,q}^2 \cong H_q(F;G)$．したがって，自然な写像
$$\hat{i} : H_q(F;G) \cong E_{0,q}^2 \longrightarrow E_{0,q}^\infty \longrightarrow H_q(E;G)$$
が定まる．

同様に，x 軸の上の点 $E_{p,0}^r$ の境界となる元は，第 4 象限からの像だから，0 のみである．

よって，輪体とホモロジー類は等しくなり，自然な単射
$$E_{p,0}^{r+1} \longrightarrow E_{p,0}^r$$

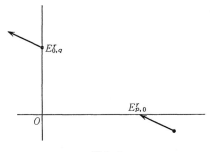

図 9.2

が存在する．また，$E_{p,0}^\infty \cong F_{p,0}/F_{p-1,1}$ より，射影 $H_p(E) = F_{p,0} \to E_{p,0}^\infty$ が存在する．定理 9.6(2) と普遍係数定理(定理 7.4)より，$E_{p,0}^2 \cong H_p(B;G)$．したがって，自然な写像
$$\hat{\pi} : H_p(E;G) \longrightarrow E_{p,0}^\infty \longrightarrow E_{p,0}^2 \cong H_p(B;G)$$
が定まる．

次が成立することも，Serre のスペクトル系列が有用な理由のひとつである．

定理 9.9 底空間 B が単連結でファイバーを F とするファイバー束 (E,π,B,F) で，$i: F \to E$ を，1 点上のファイバーへの埋め込みとする．そのとき，射影 π および i がホモロジー群へ引き起こす写像 π_* および i_* は，スペクトル系列より計算できる．すなわち，(E,π,B,F) の Serre のスペクトル系列において，すべての $n \geq 0$ に対し，
$$i_* = \hat{i} : H_n(F;G) \longrightarrow H_n(E;G)$$
$$\pi_* = \hat{\pi} : H_n(E;G) \longrightarrow H_n(B;G)$$
が成立する． □

つぶれないスペクトル系列で，実際に $H_n(E)$ が計算される例はあるだろうか．次節で，この定理を用いた計算例を与える．

§9.3 スペクトル系列の応用

複素射影空間 $P^k(\mathbb{C})$ は，全空間が S^{2k+1}，ファイバーが S^1 のファイバー束の底空間になっていることが簡単に示される．よって，$P^k(\mathbb{C})$ は，$2k$ 次元のセル複体(じつは多様体)であり，
$$H_j(P^k(\mathbb{C});\mathbb{Z}) = 0 \quad (j < 0,\ j > 2k)$$
$P^k(\mathbb{C})$ は，任意の $k \geq 1$ に対して単連結であることを示すのも難しくはない．また，球面 S^{2k+1} のホモロジー群はすでにのべたように(演習問題 5.1)次のようになる．

$$H_j(S^{2k+1}; \mathbb{Z}) \cong \begin{cases} \mathbb{Z} & (j = 0, 2k+1) \\ 0 & （その他） \end{cases}$$

ファイバー束 $(S^{2k+1}, \pi, P^k(\mathbb{C}), S^1)$ の $\mathbb{Z}$ 係数ホモロジースペクトル系列を用いて, $P^k(\mathbb{C})$ のホモロジー群 $H_j(P^k(\mathbb{C}); \mathbb{Z})$ $(j \geq 0)$ が計算できることを見よう（図 9.3）.

定理 9.6 の (2) より, $E^2_{p,q} \cong H_p(B, H_q(F; \mathbb{Z}))$ だから,
$$E^2_{p,q} = 0 \ (q < 0 \ \text{または} \ q > 1), \qquad E^2_{p,0} \cong E^2_{p,1} \cong H_p(B; \mathbb{Z})$$
$E^{n+1}_{p,q} = H(E^n_{p,q}, d^n)$ より, すべての $n \geq 2$ に対し,
$$E^n_{p,q} = 0 \quad (q < 0 \ \text{または} \ q > 1)$$
準同型 $d^n : E^n_{p,q} \to E^n_{p-n, q+n-1}$ において, $n > 2$ ならば, $E^n_{p,q}$ または $E^n_{p-n, q+n-1}$ のどちらかが 0 となり,
$$d^n = 0 : E^n_{p,q} \longrightarrow E^n_{p-n, q+n-1} \quad (n > 2)$$
となる. したがって, すべての p, q に対し,
$$E^3_{p,q} \cong E^4_{p,q} \cong \cdots \cong E^\infty_{p,q}$$
$d^2(E^2_{p,1})$ $(\subset E^2_{p-2,2}) = 0$, また, $E^2_{p+2,-1} = 0$ より, $\text{Im}(d^2 : E^2_{p+2,-1} \to E^2_{p,0}) = 0 \subset E^2_{p,0}$.

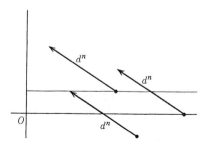

図 9.3 $P^k(\mathbb{C})$ のホモロジー群

よって,
$$E^\infty_{p,1} \cong E^3_{p,1} \cong E^2_{p,1} / \text{Im}(d^2 : E^2_{p+2,0} \longrightarrow E^2_{p,1})$$
$$E^\infty_{p,0} \cong E^3_{p,0} \cong \text{Ker}(d^2 : E^2_{p,0} \longrightarrow E^2_{p-2,1})$$

一方，$E = S^{2n+1}$ だから，
$$F_{0,j} \subset \cdots \subset F_{j-1,1} \subset F_{j,0} = H_j(S^{2n+1}; \mathbb{Z})$$
より，
$$F_{p,q} = 0 \quad (p+q \neq 0, 2k+1)$$
定理 9.6 の (3) より，$E_{p,q}^\infty \cong F_{p,q}/F_{p-1,q+1}$. よって，
$$E_{p,q}^\infty = 0 \quad (p+q \neq 0, 2k+1)$$
したがって，
$$E_{p,1}^2 = \mathrm{Im}(d^2 : E_{p+2,0}^2 \longrightarrow E_{p,1}^2) \quad (p \neq 2k)$$
$$\mathrm{Ker}(d^2 : E_{p,0}^2 \longrightarrow E_{p-2,1}^2) = 0 \quad (p \neq 2k+1)$$

この 2 つより，$p \neq 2k$ ならば，
$$d^2 : E_{p+2,0}^2 \cong H_{p+2}(B; \mathbb{Z}) \longrightarrow E_{p,1}^2 \cong H_p(B; \mathbb{Z})$$
は同型写像．ここで，$H_{-1}(B; \mathbb{Z}) = 0$, $H_0(B; \mathbb{Z}) \cong \mathbb{Z}$, $B = P^k(\mathbb{C})$ を用いると，
$$H_j(P^k(\mathbb{C}); \mathbb{Z}) \cong \begin{cases} \mathbb{Z} & (j = 0, 2, \cdots, 2k) \\ 0 & (j : \text{奇数}) \end{cases}$$

を得る．

コホモロジー群も，普遍係数定理より計算される．

§9.4 コホモロジースペクトル系列

ファイバー束に対して適当な完全カップルをとり，Serre のホモロジースペクトル系列を得た．同様に，コホモロジースペクトル系列も次のように定まる．コホモロジー群には，カップ積が定義されていたが，コホモロジースペクトル系列の収束とカップ積は交換可能であり，そのことで，コホモロジースペクトル系列の方が，ホモロジースペクトル系列よりさらに有用である．

コホモロジーの場合，慣習的に n 次導来カップルを $(E_n, D_n, i_n, j_n, k_n)$ と下に n をつけて表す．このとき E_n, D_n は複階数付である．また，
$$F^{p,q} \equiv \mathrm{Ker}(H^{p+q}(E; G) \to H^{p+q}(E^{p-1}; G))$$

とおくと,
$$H^n(E;G) = F^{0,n} \supset F^{1,n-1} \supset \cdots \supset F^{n+1,-1} = 0$$
という可換群の列ができる.

定理 9.10 (Serre のコホモロジースペクトル系列) G を可換群, B を単連結なセル複体, (E,π,B,F) をファイバー束とする. そのとき, 収束するスペクトル系列 (E_n, d_n) をもつ完全カップルが自然に定義され, 次が成り立つ.

(1) $E_n = \sum_{p=0}^{\infty} \sum_{q=0}^{\infty} E_n^{p,q}$ (第 1 象限複階数付)
d_n は複次数 $(n,-n+1)$ をもつ微分: $d_n(E_n^{p,q}) \subset E_n^{p+n,q-n+1}$

(2) $E_2^{p,q} \cong H^p(B, \Pi^q(F,G))$

(3) $E_\infty^{p,q} \cong F^{p,q}/F^{p+1,q-1}$

さらに,

(4) 積 $E_n^{p,q} \otimes E_n^{p',q'} \to E_n^{p+p',q+q'}$ が, すべての $n \geq 1$ に対して定まっている.

(5) $d_n(ab) = d_n(a)b + (-1)^{p+q} a d_n(b)$ $(a \in E_n^{p,q}, \ b \in E_n^{p',q'})$

(6) 積
$$E_2^{p,q}(\cong H^p(B, H^q(F;G))) \otimes E_2^{p',q'}(\cong H^{p'}(B, H^{q'}(F;G)))$$
$$\longrightarrow E_2^{p+p',q+q'}(\cong H^{p+p'}(B, H^{q+q'}(F;G)))$$
は, F のカップ積を係数の積とする B のカップ積の $(-1)^{qp'}$ 倍に等しい.

(7) E_{n+1} の積は E_n の積より導かれ, E_∞ の積は E のカップ積より導かれるものに等しい.

この系列を, (G を係数とする) ファイバー束 (E,π,F,B) の**コホモロジースペクトル系列**(cohomology spectral sequence)という. □

d_n の次数が $(n,-n+1)$ で, ホモロジーの場合 $(-n,n-1)$ と異なっていることに注意.

ファイバー F の埋め込み $i: F \to E$ および射影 $\pi: E \to B$ がコホモロジー群へ引き起こす写像たち

$$i^* : H^n(E;G) \longrightarrow H^n(F;G)$$
$$p^* : H^n(B;G) \longrightarrow H^n(E;G)$$

も，ホモロジー群の場合と同じように，スペクトル系列から計算される．

§9.5 $P^k(\mathbb{C})$ のコホモロジー群とカップ積の構造

$P^k(\mathbb{C})$ のコホモロジー群は，ホモロジースペクトル系列によるホモロジー群の計算と普遍係数定理により求まることを，§9.3 で調べた．ここでは，積の構造をふくめて，コホモロジースペクトル系列を用いて調べよう．

ホモロジー群の場合と全く同様に，$p \neq 2k$ に対して，
$$d_2 : E_2^{p,1} \cong H^p(B;\mathbb{Z}) \longrightarrow E_2^{p+2,0} \cong H^{p+2}(B;\mathbb{Z})$$
は同型写像である．

一方，同型 $E_2^{p,1} \cong H^p(B;\mathbb{Z})$ と同型 $E_2^{p,0} \cong H^p(B;\mathbb{Z})$ により，$a_1 \in E_2^{p,1}$ と $a_0 \in E_2^{p,0}$ が対応しているとする．$a_0 \in E_2^{p,0} \cong H^p(B;\mathbb{Z})$ に対し，$1 \in E_2^{0,1} \cong H^0(B;\mathbb{Z}) \cong \mathbb{Z}$ は，
$$a_0 \cup 1 = a_1 \in E_2^{p,1} \cong H^p(B;\mathbb{Z})$$
を満たしている(ややこしいかもしれないが，同じスペクトル系列を 3 つ書き，積を考える)．

よって，定理 9.10(5) より，
$$d_2(a_1) = d_2(a_0 \cup 1) = d_2(a_0) \cup 1 + (-1)^p a_0 \cup d_2(1)$$
$$= (-1)^p a_0 \cup d_2(1)$$

$d_2(1) \in H^2(B;\mathbb{Z}) \cong \mathbb{Z}$ は，群 $\mathbb{Z}$ の生成元であり，-1 倍の $\mathbb{Z}$ の生成元も生成元である．以上により，次が示された．

定理 9.11 $P^k(\mathbb{C})$ の $\mathbb{Z}$ 係数コホモロジー群は，
$$H^j(P^k(\mathbb{C});\mathbb{Z}) \cong \begin{cases} \mathbb{Z} & (j = 0, 2, \cdots, 2k) \\ 0 & (j : 奇数) \end{cases}$$

となり，$H^2(P^k(\mathbb{C});\mathbb{Z})$ の生成元を u とするとき，$H^{2j}(P^k(\mathbb{C});\mathbb{Z}) \cong \mathbb{Z}$ は，$u^j = u \cup u \cup \cdots \cup u$ により生成される． □

§9.6 つぶれるスペクトル系列

次の命題は，ファイバー束がトリビアルでなくても，スペクトル系列がつぶれる例を与える．後の使用のため，コホモロジー群の場合をのべておく．

$H^{odd}(X;G)$ で，X の G 係数コホモロジー群の奇数次元の直和

$$H^{odd}(X;G) = \sum_{i=0}^{\infty} H^{2i+1}(X;G)$$

を表す．

命題 9.12 底空間 B が単連結なファイバー束 (E,π,B,F) が，
$$H^{odd}(B;\mathbb{R}) = H^{odd}(F;\mathbb{R}) = 0$$
を満たしているとする．そのとき，$\mathbb{R}$ を係数とする (E,π,B,F) のスペクトル系列はつぶれる．すなわち，すべての $r \geq 2$ に対して，
$$d_r = 0 : E_r^{p,q} \longrightarrow E_r^{p+r,q-r+1}$$
となる．

[証明] 普遍係数定理(定理7.6)，および $\mathrm{Tor}(\mathbb{Z},\mathbb{R})=0$, $\mathbb{Z}\otimes\mathbb{R} \cong \mathbb{R} \cong \mathbb{R}\otimes_\mathbb{R}\mathbb{R}$ より，
$$E_2^{p,q} \cong H^p(B;H^q(F;\mathbb{R})) \cong H^p(B;\mathbb{Z})\otimes H^q(F;\mathbb{R})$$
$$\cong H^p(B;\mathbb{R})\otimes_\mathbb{R} H^q(F;\mathbb{R})$$

よって p または q が奇数ならば，$E_2^{p,q}=0$. したがって，そのとき $E_r^{p,q}=0$, $r\geq 2$. ところで $d_r=0 : E_r^{p,q} \to E_r^{p+r,q-r+1}$ であったが，$p,q,p+r,q-r+1$ のいずれかは必ず奇数である．よって，$d_r = 0$ が，$r \geq 2$ に対して常に成立する． ∎

次の定理もコホモロジー群についてのみのべる．

命題 9.13 単連結な底空間を B, ファイバーを F とするファイバー束 (E,π,B,F) のコホモロジースペクトル系列が，つぶれているとする．そのとき，すべての $n \geq 0$ に対して，

(1) $i^* : H^n(E;G) \to H^n(F;G)$ は全射
(2) $p^* : H^n(B;G) \to H^n(E;G)$ は単射
(3) $H^*(E;\mathbb{R}) \cong H^*(B;\mathbb{R}) \otimes_\mathbb{R} H^*(F;\mathbb{R})$

が成立する.

[証明] ホモロジー群の場合と同じように, i^* は, 合成
$$H^n(E;G) = F^{0,n} \longrightarrow F^{0,n}/F^{1,n-1} \cong E_\infty^{0,n} \longrightarrow E_2^{0,n} \cong H^n(F;G)$$
に等しいが, $E_\infty^{0,n} \to E_2^{0,n}$ が同型より, 全射である.

また, p^* は, 合成
$$H^n(B;G) \cong H^n(B;H^0(F;G)) \cong E_2^{n,0} \longrightarrow E_\infty^{n,0} \cong F^{n,0} \subset H^n(E;G)$$
に等しいが, $E_2^{n,0} \to E_\infty^{n,0}$ が同型より, 単射である.

普遍係数定理より,
$$E_2^{p,q} \cong H^p(B;H^q(F;\mathbb{R})) \cong H^p(B;\mathbb{R}) \otimes_\mathbb{R} H^q(F;\mathbb{R})$$
スペクトル系列がつぶれているから,
$$E_2^{p,q} \cong E_\infty^{p,q}$$
よって($\mathbb{R}$ 係数だから),
$$H^n(E;\mathbb{R}) \cong \sum_{p+q=n} E_\infty^{p,q} \cong \sum_{p+q=n} H^p(B;\mathbb{R}) \otimes_\mathbb{R} H^q(F;\mathbb{R}) \blacksquare$$

§9.7 分類空間のコホモロジー

n 次元複素ベクトル束の分類空間
$$BU(n) = \lim_{N \to \infty} U(n+N)/U(n) \times U(N) = U(n+\infty)/U(n) \times U(\infty)$$
の $\mathbb{R}$ 係数コホモロジーを計算しよう.

$U(1) \cong S^1$ の n 個の積 T^n は, 自然に $U(n)$ の部分群とみることができる, すなわち

$$T^n = \begin{pmatrix} * & & 0 \\ & * & \\ & & \ddots \\ 0 & & * \end{pmatrix} \subset U(n)$$

このとき,
$$U(n)/T^n \longrightarrow U(n+N)/T^n \times U(N) \longrightarrow U(n+N)/U(n) \times U(N)$$
は, ファイバー束を与え, $N \to \infty$ として,

§9.7 分類空間のコホモロジー

$$U(n)/T^n \longrightarrow BT^n \equiv U(n+\infty)/T^n \times U(\infty)$$
$$\longrightarrow BU(n) = U(n+\infty)/U(n) \times U(\infty)$$

というファイバー束を得る．これを用いて，$BU(n)$ のコホモロジーを計算する．

例 9.14 低い次元では，次の位相同型がある．
$$U(1)/T^1 (\cong S^1/S^1) \cong 1\,点, \qquad U(2)/T^2 \cong S^2 \qquad \square$$

命題 9.15 任意の $n \geqq 1$ に対して，
$$H^{odd}(U(n)/T^n; \mathbb{R}) = 0$$

[証明] n に関する数学的帰納法で示す．上の例より，$n=1,2$ では，成立．n まで示されたと仮定して，$n+1$ の場合を示すこととする．ファイバー束

$$U(n)/T^n = U(n) \times T^1/T^{n+1} \longrightarrow U(n+1)/T^{n+1}$$
$$\longrightarrow U(n+1)/U(n) \times T^1$$

が存在する．$U(n+1)/U(n) = S^{2n+1}$ より，底空間 $U(n+1)/U(n) \times T^1$ は，複素射影空間 $P^n(\mathbb{C})$ に等しいから，

$$H^{odd}(U(n+1)/U(n) \times T^1; \mathbb{R}) = 0$$

帰納法の仮定より，
$$H^{odd}(U(n)/T^n; \mathbb{R}) = 0$$

命題 9.12，命題 9.13 より，このファイバー束のコホモロジースペクトル系列はつぶれ，
$$H^*(U(n+1)/T^{n+1}; \mathbb{R}) \cong H^*(U(n)/T^n; \mathbb{R}) \otimes_{\mathbb{R}} H^*(U(n+1)/U(n) \times T^1; \mathbb{R})$$
より，
$$H^{odd}(U(n+1)/T^{n+1}; \mathbb{R}) = 0$$
がわかる． ∎

n 変数 $x_1, x_2, \cdots, x_n$ の実係数の多項式全体 $\mathbb{R}[x_1, x_2, \cdots, x_n]$ は，可換群であり，環の構造ももつ．

命題 9.16 次の群(実は環)としての同型が成り立つ．
$$H^*(BT^n; \mathbb{R}) \cong \mathbb{R}[x_1, x_2, \cdots, x_n] \quad (x_i \in H^2(BT^n; \mathbb{R}))$$

[証明]
$$BT^n = U(n+\infty)/T^n \times U(\infty)$$
$$= U(n(1+\infty))/T^1 \times U(\infty) \times \cdots \times T^1 \times U(\infty)$$
$$= BT^1 \times BT^1 \times \cdots \times BT^1$$

$BT^1 = P^\infty(\mathbb{C}) = \varprojlim_{n\to\infty} P^n(\mathbb{C})$ より, $H^*(BT^1;\mathbb{R}) \cong \mathbb{R}[x]$. この x は, $H^2(BT^1;\mathbb{R})$ の生成元に対応する. よって,

$$H^*(BT^n;\mathbb{R}) \cong \mathbb{R}[x] \otimes_\mathbb{R} \cdots \otimes_\mathbb{R} \mathbb{R}[x] \cong \mathbb{R}[x_1, x_2, \cdots, x_n]$$ ∎

命題 9.17 射影 $\pi: BT^n \to BU(n)$ の引き起こすコホモロジーの準同型
$$\pi^*: H^*(BU(n);\mathbb{R}) \longrightarrow H^*(BT^n;\mathbb{R}) \cong \mathbb{R}[x_1, x_2, \cdots, x_n]$$
について, 次の 2 つが成立する.

（1） π^* は単射

（2） $\sigma_i = \sigma_i(x_1, x_2, \cdots, x_n)$ を i 次基本対称式とすると
$$\mathrm{Im}\,\pi^* = \mathbb{R}[\sigma_1, \sigma_2, \cdots, \sigma_n]$$

[証明] (1)は, 命題 9.15 の結論である $H^{odd}(U(n)/T^n;\mathbb{R}) = 0$ と, スペクトル系列の基本性質(コホモロジーに対する定理 9.13(2))から得られる.

(2)については $T^n = T^1 \times \cdots \times T^1$ には, T^1 どうしの入れ替えとして置換群が作用しており, この置換は自己束同型および分類空間 BT^n の自己位相同型写像を引き起こす. それによって不変なコホモロジーの元全体が $\mathbb{R}[\sigma_1, \sigma_2, \cdots, \sigma_n]$ に等しい. この置換は, $U(n)$ では内部自己同型で, 分類空間 $BU(n)$ の恒等写像を引き起こす. これより,
$$\mathrm{Im}\,\pi^* \subset \mathbb{R}[\sigma_1, \sigma_2, \cdots, \sigma_n]$$
がわかる. $\mathrm{Im}\,\pi \supset \mathbb{R}[\sigma_1, \sigma_2, \cdots, \sigma_n]$ であることは, ファイバー束
$$U(n)/U(n-1) = S^{2n-1} \longrightarrow BU(n-1) = U(n-1+\infty)/U(n-1) \times U(\infty)$$
$$\longrightarrow BU(n) = U(n+\infty)/U(n) \times U(\infty)$$
を用いて, n に関する帰納法で元を構成すればよい(演習問題 9.2 参照).   ∎

例 9.18 $n=2$, $U(2)/T^2 = S^2 \xrightarrow{i} BT^2 \xrightarrow{\pi} BU(2)$ の場合.
$$H^*(BT^2;\mathbb{R}) \cong \mathbb{R}[x_1, x_2]$$
$$H^*(BU(2);\mathbb{R}) \cong \mathbb{R}[\sigma_1, \sigma_2], \quad \sigma_1 = x_1 + x_2,\ \sigma_2 = x_1 x_2$$
$$H^*(U(2)/T^2;\mathbb{R}) \cong \mathbb{R}[y]/y^2, \quad i^*(y) = x_1 - x_2 \quad \square$$

問
$$H^*(BT^2;\mathbb{R}) \cong H^*(BU(2);\mathbb{R}) \otimes_R H^*(U(2)/T^2;\mathbb{R})$$
を示せ．

命題 9.17 より，次の主定理が導かれる．

定理 9.19 $n \geq 1$ に対し，
$$H^*(BU(n);\mathbb{R}) \cong \mathbb{R}[c_1, c_2, \cdots, c_n] \quad (c_j \in H^{2j}(BU(n);\mathbb{R})) \qquad \square$$
複素ベクトル束の分類空間 $BU(n)$ に関する議論を，単射写像
$$\pi^* : H^*(BU(n);\mathbb{R}) \longrightarrow H^*(BT^n;\mathbb{R}) \cong \mathbb{R}[x_1, x_2, \cdots, x_n]$$
を経由して，$BT^n = BT^1 \times \cdots \times BT^1$ から BT^1 の議論に帰着させる方法を，**スプリット法**(splitting method)という．これは応用が広い．

定義 9.20(Chern 類) 空間 X 上の n 次元複素ベクトル束 ξ は，分類空間 $BU(n)$ 上の標準束 γ と，$BU(n)$ への(ホモトピー的にただ 1 つの)写像 $f: X \to BU(n)$ により，$\xi = f^*(\gamma)$ と表された．$BU(n)$ の $2j$ 次元コホモロジーの元 c_j の引き戻し(準同型 $f^* : H^*(BU(n);\mathbb{R}) \to H^*(X;\mathbb{R})$ による像)$f^*(c_j) \in H^{2j}(X;\mathbb{R})$ を，ベクトル束 ξ の j 次 **Chern 類**(Chern class)という．ベクトル束の非自明性を示す重要なものである． $\square$

一般に，分類空間のコホモロジーの元を特性類といったが，Chern 類は，複素ベクトル束に対する特性類である．

同様に，n 次元実ベクトル束の分類空間
$$BO(n) = \lim_{N \to \infty} O(n+N)/O(n) \times O(N) = O(n+\infty)/O(n) \times O(\infty)$$
の $\mathbb{R}$ および $\mathbb{Z}_2$ 係数のコホモロジーも計算できる．結果は，次のとおりである．

定理 9.21 $n \geq 1$ に対して，
$$H^*(BO(n);\mathbb{R}) \cong \mathbb{R}[p_1, p_2, \cdots, p_{[n/2]}] \quad (p_j \in H^{4j}(BO(n);\mathbb{R}))$$
$$H^*(BO(n);\mathbb{Z}_2) \cong \mathbb{Z}_2[w_1, w_2, \cdots, w_n] \quad (w_j \in H^j(BO(n);\mathbb{Z}_2)) \qquad \square$$

定義 9.22 (Pontrjagin 類，Stiefel–Whitney 類) 空間 X 上の n 次元実ベクトル束 ξ に対し，分類空間 $BO(n)$ 上のコホモロジーの元 p_j, w_j の引き戻し

を，それぞれベクトル束 ξ の j 次 **Pontrjagin** 類，j 次 **Stiefel–Whitney** 類という． □

Pontrjagin 類，Stiefel–Whitney 類は，実ベクトル束の特性類である．

なめらかな多様体には，接ベクトル束が定まるが，接ベクトル束の特性類を多様体の特性類という．多様体の大局的な曲がりかたをはかる量である．

《 要 約 》

9.1 完全カップルから導来カップルができ，スペクトル系列が定まる．

9.2 ファイバー束の全空間のホモロジー群は，スペクトル系列で計算される．

9.3 複素射影空間 $P^n(\mathbb{C})$ のホモロジー群の計算で，スペクトル系列の威力を実感できる．

9.4 ファイバー束の全空間のコホモロジー群も，スペクトル系列で計算される．

9.5 複素ベクトル束の分類空間のコホモロジー環が，Chern 類の多項式環となることが計算される．

──── 演習問題 ────

9.1 底空間とファイバーが，ともに 2 次元球面 S^2 であるファイバー束 (E, π, S^2, S^2) の全空間 E の $\mathbb{Z}$ 係数ホモロジー群を求めよ．

9.2 ファイバー束 $U(2)/U(1) = S^3 \to BU(1) \xrightarrow{\pi} BU(2)$ に対する $\mathbb{R}$ 係数コホモロジースペクトル系列において，$E_2^{p,3} = E_4^{p,3}$, $E_2^{p+4,0} = E_4^{p+4,0}$ であり，$H^*(BU(1); \mathbb{R})) \cong \mathbb{R}[c_1]$, $c_1 \in H^2(BU(1); \mathbb{R})$ を用いると，$p \geqq 0$ に対し，$d_4 : E_2^{p,3} \to E_2^{p+4,0}$ は単射写像になることを示せ．

9.3 Serre のコホモロジースペクトル系列において，ファイバー F が球面 S^j の場合，$\Omega \in H^{j+1}(B; \mathbb{R})$ が存在して，$u \in H^p(B; \mathbb{R})$ に対し，$\Psi(u) = u \cup \Omega$ と定めたとき，**Gysin**(ギジンと発音するのか)の完全系列(Gysin exact sequence)

$$\cdots \longrightarrow H^{p+j}(E; \mathbb{R}) \longrightarrow H^p(B; \mathbb{R}) \xrightarrow{\Psi} H^{p+j+1}(B; \mathbb{R}) \xrightarrow{\pi^*} H^{p+j+1}(E; \mathbb{R}) \longrightarrow \cdots$$

が成立することを示せ．

現代数学への展望

ここでは，特性類の幾何学的(組み合わせ的)表現という，まだ現代数学でも，完全には解決していない問題を，やさしく説明しよう．

Euler 数

n 次元の単体的複体 $\mathcal{S}$ の j 次元の単体の個数を k_j とするとき，交代和
$$k_0 - k_1 + \cdots + (-1)^j k_j + \cdots + (-1)^n k_n$$
を，単体的複体 $\mathcal{S}$ の **Euler 数**(Euler number)，または **Euler–Poincaré 標数**(Euler-Poincaré characteristic)といい，χ または $\chi(\mathcal{S})$ と書く．

正 4 面体の表面は 2 次元単体的複体をなし，$4-6+4=2$ より，$\chi(\mathcal{S})=2$ となる．立方体の表面も 2 次元単体的複体をなし，$8-12+6=2$ より，やはり $\chi(\mathcal{S})=2$ となる．どちらの場合も，単体的複体の定める位相空間 $|\mathcal{S}|$ は，2 次元球面 S^2 に位相同型である．では，Euler 数は位相同型で不変な数なのであろうか？ 答えは YES で，さらに強くホモトピー同値で不変なことが，ホモロジー論を用いると，次のように簡単に示すことができる．

単体的複体には，自然に $\mathbb{Z}$ 係数チェイン複体 $C_q = C_q(\mathcal{S}; \mathbb{Z})$ が定まり，輪体群 $Z_q = Z_q(\mathcal{S}; \mathbb{Z})$，境界輪体群 $B_q = B_q(\mathcal{S}; \mathbb{Z})$，ホモロジー群 $H_q = H_q(\mathcal{S}; \mathbb{Z})$ の間には，次の完全系列が存在した．

$$0 \longrightarrow Z_q \longrightarrow C_q \xrightarrow{\partial} B_{q-1} \longrightarrow 0$$
$$0 \longrightarrow B_q \longrightarrow Z_q \longrightarrow H_q \longrightarrow 0$$

有限生成可換群 G は，無限巡回群 $\mathbb{Z}$ と有限巡回群 $\mathbb{Z}_p$ のいくつずつかの直和と同型であったが，その無限巡回群の個数を可換群 G の**階数**(rank)といい，$\mathrm{rank}\, G$ で表す．$\mathbb{Z} \otimes \mathbb{R} \cong \mathbb{R}$，$\mathbb{Z}_p \otimes \mathbb{R} = 0$ より，$\mathrm{rank}\, G$ は，$G \otimes \mathbb{R} \cong \mathbb{R} \oplus \cdots \oplus \mathbb{R}$ と表したときの $\mathbb{R}$ の個数にも等しい．したがって，可換群の完全系列

に対し,
$$0 \longrightarrow A \longrightarrow B \longrightarrow C \longrightarrow 0$$
$$\operatorname{rank} B = \operatorname{rank} A + \operatorname{rank} C$$
が成立. よって,
$$\operatorname{rank} C_q = \operatorname{rank} Z_q + \operatorname{rank} B_{q-1}$$
$$\operatorname{rank} Z_q = \operatorname{rank} B_q + \operatorname{rank} H_q$$
この2式を $(-1)^q$ 倍して, $q=0$ から $q=n(=\dim \mathcal{S})$ まで, 辺々加えることにより, 次の公式を得る.

定理1
$$\chi(\mathcal{S}) = \sum_{q=0}^{n}(-1)^q \operatorname{rank} C_q(\mathcal{S};\mathbb{Z}) = \sum_{q=0}^{n}(-1)^q \operatorname{rank} H_q(\mathcal{S};\mathbb{Z})$$
□

$\operatorname{rank} H_q(\mathcal{S};\mathbb{Z})$ は $\mathcal{S}$ の q 次元 Betti 数(Betti number)と呼ばれる. 証明を見直すと, G が体(例えば, $\mathbb{Z}_p$ で p が素数)ならば,
$$\chi(\mathcal{S}) = \sum_{q=0}^{n}(-1)^q \dim H_q(\mathcal{S};G)$$
が成立することがわかる.

$H_q(\mathcal{S};\mathbb{Z})$ はホモトピー不変であったから, Euler数のホモトピー不変性(もちろん位相同型による不変性も)が従う.

このように, 単体の数の単なる和ではなくて, 交代和をとることで, 不変性がでてくるが, じつは, この単純なからくりが, 現代数学の基調をなしている. 解析的指数が位相的指数に等しいという, 現代数学で最も重要な定理の1つである **Atiyah–Singer** の指数定理(index theorem)も, Euler数に関する上の定理のヴァリアント(変身)である.

Euler 空間

$\mathcal{S}$ を n 次元単体的複体とし, $\sigma^q \in \mathcal{S}$ を q 単体とする. σ の $\mathcal{S}$ におけるからみ複体(link complex) $\operatorname{Lk}(\sigma,\mathcal{S})$ を,
$$\operatorname{Lk}(\sigma^q,\mathcal{S}) = \{\tau \in \mathcal{S} \mid \tau * \sigma^q \in \mathcal{S},\ \tau \cap \sigma^q = \emptyset\}$$
と定める(図1). ここで $\tau * \sigma^q$ は τ の頂点と σ^q の頂点で張られる単体とする.

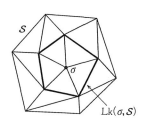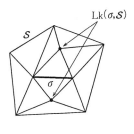

図1 からみ複体

$\mathcal{S}$ が Euclid 空間 $\mathbb{R}^n$ の普通の3角形分割ならば, $\sigma^q \in \mathcal{S}$ に対し, $\mathrm{Lk}(\sigma^q, \mathcal{S})$ は S^{n-q-1} と位相同型となり, $\chi(\mathrm{Lk}(\sigma^q, \mathcal{S})) = \chi(S^{n-q-1}) \equiv 0 \pmod{2}$ となる. 一般に単体的複体 $\mathcal{S}$ で, すべての単体 $\sigma \in \mathcal{S}$ に対し,

$$\chi(\mathrm{Lk}(\sigma, \mathcal{S})) \equiv 0 \pmod{2}$$

となるものを, **Euler 空間**(Euler space)という. なめらかな多様体の3角形分割は, もちろん Euler 空間である.

ホモロジー Stiefel–Whitney 類

単体的複体 $\mathcal{S}$ の単体 σ の重心を $\hat{\sigma}$ で表そう. $\mathcal{S}$ に対し, その定める空間 $|\mathcal{S}|$ は同じであるが, より細かく分割された単体的複体 $\mathcal{S}'$ ($|\mathcal{S}'| = |\mathcal{S}|$) を次のように定める. $\mathcal{S}'$ の 0 単体は, $\mathcal{S}$ のすべての単体 σ の重心 $\hat{\sigma}$ たちとする. また, $p+1$ 個の単体 $\sigma_0, \sigma_1, \cdots, \sigma_p$ が $\sigma_0 \prec \sigma_1 \prec \cdots \prec \sigma_p$ を満たすときのみ, $\hat{\sigma}_0, \hat{\sigma}_1, \cdots, \hat{\sigma}_p$ の張る p 単体が $\mathcal{S}'$ に含まれているとする. このようにして定められた $\mathcal{S}'$ を, $\mathcal{S}$ の**重心細分**(barycentric subdivision)という. 1つの3角形の重心細分は, 3角形を6個の小3角形に分割する.

重心細分 $\mathcal{S}'$ の $\mathbb{Z}_2$ 係数 q 次元チェイン $s_q(\mathcal{S}) \in C_q(\mathcal{S}'; \mathbb{Z}_2)$ を, すべての $\mathcal{S}'$ の q 単体 σ^q により,

$$s_q(\mathcal{S}) = \sum_{\sigma^q \in \mathcal{S}'} 1 \langle \sigma^q \rangle \quad (1 \in \mathbb{Z}_2)$$

と定める.

定理 2 $\mathcal{S}$ が Euler 空間ならば, $s_q(\mathcal{S}) \in C_q(\mathcal{S}'; \mathbb{Z}_2)$ は輪体となる.

[証明] q次元チェイン $s_q(\mathcal{S}) \in C_q(\mathcal{S}'; \mathbb{Z}_2)$ の境界作用素 ∂ による像 $\partial(s_q(\mathcal{S})) \in C_{q-1}(\mathcal{S}'; \mathbb{Z}_2)$ の $\langle \hat{\sigma}_0, \hat{\sigma}_1, \cdots, \hat{\sigma}_{q-1} \rangle$ の係数は,

$$\chi(\partial \sigma_0) + \chi\left(\sum_{i=0}^{q-1} \mathrm{Lk}(\sigma_{i-1}, \partial \sigma_i)\right) + \chi(\sigma_{q-1}, \mathcal{S}) \in \mathbb{Z}_2$$

で与えられ,最初の2項は球面の Euler 数であり,第3項は Euler 空間の仮定より,いずれも0に等しい. ∎

簡単な例で確かめてほしい.

定義3 この輪体 $s_q(\mathcal{S}) \in C_q(\mathcal{S}'; \mathbb{Z}_2)$ の定めるホモロジー類も $s_q(\mathcal{S}) \in H_q(\mathcal{S}; \mathbb{Z}_2)$ と書き,単体的複体 $\mathcal{S}$ のホモロジー **Stiefel–Whitney** 類(Stiefel-Whitney class)とよぶ. □

例4 連結な単体的複体 $\mathcal{S}$ の重心細分 $\mathcal{S}'$ の 0 単体(頂点)の個数は,$\mathcal{S}$ のすべての次元の単体の数の和に等しい.偶数個の頂点は,mod 2 で考えると,1 チェインの境界である.したがって,

$$\{s_0(\mathcal{S}) \bmod 2\} = \chi(\mathcal{S}) \in H_0(\mathcal{S}; \mathbb{Z}_2) \cong \mathbb{Z}_2$$ □

例5 実射影平面 $P^2(\mathbb{R})$,およびトーラス $T^2 = S^1 \times S^1$ を3角形分割し,その単体的複体たちも同じ記号を使う.重心細分して,定義どおり調べると,次がわかる.

$$s_0(P^2(\mathbb{R})) = 1 \in H_0(P^2(\mathbb{R}); \mathbb{Z}_2) \cong \mathbb{Z}_2, \ s_0(T^2) = 0 \in H_0(T^2; \mathbb{Z}_2) \cong \mathbb{Z}_2$$
$$s_1(P^2(\mathbb{R})) = 1 \in H_1(P^2(\mathbb{R}); \mathbb{Z}_2) \cong \mathbb{Z}_2, \ s_1(T^2) = 0 \in H_1(T^2; \mathbb{Z}_2) \cong \mathbb{Z}_2 \oplus \mathbb{Z}_2$$
$$s_2(P^2(\mathbb{R})) = 1 \in H_2(P^2(\mathbb{R}); \mathbb{Z}_2) \cong \mathbb{Z}_2, \ s_2(T^2) = 1 \in H_2(T^2; \mathbb{Z}_2) \cong \mathbb{Z}_2$$

図2で,T^2 の3角形分割の重心細分と,T^2 の1次元輪体 $s_1(T^2) \in Z_1(T^2; \mathbb{Z}_2) \equiv \mathrm{Ker}\,\partial_1$(定義5.21)を境界とする2次元チェインを示す. □

n 次元実ベクトル束の分類空間

$$BO(n) = \lim_{N \to \infty} O(n+N)/O(n) \times O(N)$$

の $\mathbb{Z}_2$ 係数コホモロジーは,

$$H^*(BO(n); \mathbb{Z}_2) \cong \mathbb{Z}_2[w_1, w_2, \cdots, w_n] \quad (w_i \in H^i(BO(n); \mathbb{Z}_2))$$

で与えられた.

$\mathcal{S}$ が,なめらかな n 次元多様体 M の3角形分割であるとする($|\mathcal{S}| = M$).

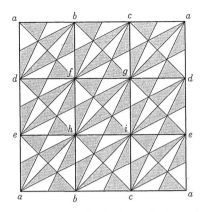

図2　トーラスの重心細分と2次元チェイン

M の接ベクトル束の分類写像 $f: M \to BO(n)$ による w_i の引き戻し
$$w_i(M) \equiv f^*(w_i) \in H^i(M; \mathbb{Z}_2)$$
は，Stiefel–Whitney 類とよばれる，多様体 M の特性類であり，多様体 M のホモトピー型のみで定まる．$w_1(M) = 0$ が，M が向きづけ可能であることの必要十分条件である．

多様体 M には，Poincaré 双対とよばれる同型写像
$$\mu: H^i(M; \mathbb{Z}_2) \longrightarrow H_{n-i}(M; \mathbb{Z}_2) \quad (n = \dim M)$$
が存在する．

定理6 $\mathcal{S}$ が，なめらかな n 次元多様体 M の3角形分割であるとする．そのとき，ホモロジー Stiefel–Whitney 類 $s_q(\mathcal{S}') \in H_q(\mathcal{S}'; \mathbb{Z}_2)$ は，Stiefel–Whitney 類 $w_{n-q}(M) \in H^{n-q}(M, \mathbb{Z}_2)$ の Poincaré 双対である．すなわち
$$\mu(w_{n-q}(M)) = s_q(\mathcal{S}') \qquad \square$$

したがって，ホモロジー Stiefel–Whitney 類は，多様体の間ではホモトピー型不変である．ところが Euler 空間では，ホモトピー同値でホモロジー Stiefel–Whitney 類が異なるものが，いくらでもつくれるのである．特異点をもつ複素解析空間は，多様体ではないが，Euler 空間としての3角形分割が知られている．

以上より，ホモロジー Stiefel–Whitney 類は，特性類 $w_i(M)$ の幾何学的表

現ということができるであろう．同様に，Euler 類も，向きづけられた接ベクトル束の分類写像により，分類空間 $BSO(n)$ のコホモロジーの元を引き戻したものとしても定義され，単体の数の交代和はその幾何学的表現とみなすことができる．他の Chern 類，Pontrjagin 類については，まだ満足すべき幾何学的実現は知られていない．Grassmann 多様体のより詳しい幾何学の研究とともに，これからの発展が期待されている．これらの発見を目的とする研究はすでにいくつか試みられており，Chern–Simons 不変量の発見など，副産物は豊富であった．

さらに学習するための参考書

1. 服部晶夫，位相幾何学（岩波基礎数学選書）上，下，岩波書店，1978–1979.
   本書より，詳しくていねいに解説している．本書を読んで，疑問を感じたり，さらに勉強したくなったとき，続けて読むことをすすめる．
2. 小松醇郎，中岡稔，菅原正博，位相幾何学 I，岩波書店，1967.
   さらに，詳細に説明された大著．読みとおすのは大変かもしれないが，なんでも書いてあるので，必要なところを参照するとよく理解できる．
3. 中岡稔，位相幾何学ホモロジー論（共立数学講座，現代の数学 15），共立出版，1970.
   内容が豊富で，コンパクトにまとまっているので，力のある読者が読み通すのに最適．
4. 河田敬義編，位相幾何学（現代数学演習叢書 2），岩波書店，1965.
   演習をしながら学ぶのが，理解の一番の早道である．幾何学的なこともよく書いてある．
5. 田村一郎，トポロジー（岩波全書），岩波書店，1972.
   単体的ホモロジーを中心にして，やさしく書かれているので，読みやすい．
6. 戸田宏，三村護，リー群の位相 上，下（紀伊國屋数学叢書 14-A,B），紀伊國屋書店，1978–1979.
   Grassmann 多様体などの等質空間のコホモロジーに詳しく，スペクトル系列の代数的計算に興味をもった読者にすすめる．
7. 一楽重雄，位相幾何学（新数学講座 8），朝倉書店，1993.
   読みやすくすっきりと書かれ，親しみがもてる．

演習問題解答

第1章

1.1 ともにアルファベットのIと位相同型であることを示してもよい.

1.2 $f: \mathrm{P} \to \mathrm{R}$ として，PをRの部分として埋め込む写像，$g: \mathrm{R} \to \mathrm{P}$ として，Rの部分のPではそのまま，残りの部分のRの右足の点すべてを，Pの右足の付け根に写す写像とする．そのとき，$g \circ f = id: \mathrm{P} \to \mathrm{P}$ だから，$f \circ g: \mathrm{R} \to \mathrm{P} \subset \mathrm{R}$ が，恒等写像とホモトピックであることをいう．ホモトピーは，足を連続的に伸ばせばよい.

1.3 △をDに写す位相同型写像を，AからRへの位相同型写像に拡張してやればよい.

第2章

2.1 半分の3角形 $\triangle = \{(x,y) \in I^2 \mid y \leq x\}$ の境界の3辺で，それぞれ，辺の中心に対して対称な点を同じ点とみなした空間に位相同型．これは，S^2 と位相同型.

2.2 Möbius の帯の中心をはさみで横に切り開くと，つながった1本の帯ができるが，これは，$I \times S^1$ と位相同型．元に戻すことが，2まわりする写像で接着することと同じこと.

2.3 2人乗り浮き袋にうまく1点で交わる4本の円周を書き，そこを切り開くと正方形と位相同型なものができる．したがって，1個の0セル，4個の1セル，1個の2セルがセル分割を与える．n人乗り浮き袋も同様に1個の0セル，$2n$個の1セル，1個の2セルでセル分割される.

第3章

3.1 $(I^n, \partial I^n)$ から (S^k, x_0) の写像に対し，ホモトピーで少し動かして，その像が，x_1 を決して通らないように $x_1 (\neq x_0) \in S^k$ をとることができる．$S^k - x_1$ は D^k の内部の点たちと位相同型．あとは，$\pi_n(D^k) = 0$ の証明と同様.

3.2 $\mathbb{Z}_2$.

3.3 $\alpha_1, \beta_1, \alpha_2, \beta_2$ で生成され,$\alpha_1\beta_1\alpha_1^{-1}\beta_1^{-1}\alpha_2\beta_2\alpha_2^{-1}\beta_2^{-1} = 1$ を基本関係とする群.

第4章

4.2 $p \neq q$ のとき,$h^0(S^p \vee S^q) \cong G$,$h^p(S^p \vee S^q) \cong G$,$h^q(S^p \vee S^q) \cong G$. その他は 0. $p = q$ のとき,$h^0(S^p \vee S^q) \cong G$,$h^p(S^p \vee S^q) \cong G \oplus G$. その他は 0.

第5章

5.1 $H_j(S^n; \mathbb{Z}) \cong \begin{cases} \mathbb{Z} & (j=0, n) \\ 0 & (\text{その他}) \end{cases}$ $\quad H_j(D^n; \mathbb{Z}) \cong \begin{cases} \mathbb{Z} & (j=0) \\ 0 & (\text{その他}) \end{cases}$

5.2 $T^2 = T_0^2 \underset{S^1}{\cup} D^2$ に対する Mayer–Vietoris 完全系列により,ロボットの手袋 T_0^2 のホモロジー群

$$H_0(T_0^2; \mathbb{Z}) \cong \mathbb{Z}, \quad H_1(T_0^2; \mathbb{Z}) \cong \mathbb{Z} \oplus \mathbb{Z}, \quad H_i(T_0^2; \mathbb{Z}) = 0 \quad (i \geq 2)$$

を得る.さらに,

$$M_2 = T_0^2 \underset{S^1}{\cup} T_0^2$$

に,Mayer–Vietoris 完全系列を用いると,

$$H_0(M_2; \mathbb{Z}) \cong \mathbb{Z}, \quad H_1(M_2; \mathbb{Z}) \cong \mathbb{Z}^4 = \overbrace{\mathbb{Z} \oplus \cdots \oplus \mathbb{Z}}^{4\text{個}}, \quad H_2(M_2; \mathbb{Z}) \cong \mathbb{Z}$$

5.3 1個の 0 セル,$2n$ 個の 1 セル,1個の 2 セルで,セル分割すると,境界作用素はすべて 0 写像.よって,

$$H_0(M_2; \mathbb{Z}) \cong \mathbb{Z}, \quad H_1(M_2; \mathbb{Z}) \cong \mathbb{Z}^{2n} = \overbrace{\mathbb{Z} \oplus \cdots \oplus \mathbb{Z}}^{2n\text{個}}, \quad H_2(M_2; \mathbb{Z}) \cong \mathbb{Z}$$

第6章

6.1 $H^0(T^2; \mathbb{Z}) \cong \mathbb{Z}$,$H^1(T^2; \mathbb{Z}) \cong \mathbb{Z}^2 = \mathbb{Z} \oplus \mathbb{Z}$,$H^2(T^2; \mathbb{Z}) \cong \mathbb{Z}$.

6.2 $H^0(P^2(\mathbb{R}); \mathbb{Z}) \cong \mathbb{Z}$,$H^1(P^2(\mathbb{R}); \mathbb{Z}) = 0$,$H^2(P^2(\mathbb{R}); \mathbb{Z}) \cong \mathbb{Z}_2$.

第7章

7.1 $H_0(P^2(\mathbb{R}) \times P^2(\mathbb{R}); \mathbb{Z}) \cong \mathbb{Z}$,$H_1(P^2(\mathbb{R}) \times P^2(\mathbb{R}); \mathbb{Z}) \cong \mathbb{Z}_2 \oplus \mathbb{Z}_2$,$H_2(P^2(\mathbb{R}) \times P^2(\mathbb{R}); \mathbb{Z}) \cong \mathbb{Z}_2$,$H_3(P^2(\mathbb{R}) \times P^2(\mathbb{R}); \mathbb{Z}) \cong \mathbb{Z}_2$,$H_4(P^2(\mathbb{R}) \times P^2(\mathbb{R}); \mathbb{Z}) = 0$.

7.2　$H^0(P^2(\mathbb{R});\mathbb{Z}) \cong \mathbb{Z}$, $H^1(P^2(\mathbb{R});\mathbb{Z}) = 0$, $H^2(P^2(\mathbb{R});\mathbb{Z}) \cong \mathbb{Z}_2$.

7.3　$H^0(P^2(\mathbb{R}) \times P^2(\mathbb{R});\mathbb{Z}) \cong \mathbb{Z}$, $H^1(P^2(\mathbb{R}) \times P^2(\mathbb{R});\mathbb{Z}) = 0$, $H^2(P^2(\mathbb{R}) \times P^2(\mathbb{R});\mathbb{Z}) \cong \mathbb{Z}_2 \oplus \mathbb{Z}_2$, $H^3(P^2(\mathbb{R}) \times P^2(\mathbb{R});\mathbb{Z}) \cong \mathbb{Z}_2$, $H^4(P^2(\mathbb{R}) \times P^2(\mathbb{R});\mathbb{Z}) \cong \mathbb{Z}_2$.

7.4　$f^*: H^2(S^2;\mathbb{Z}) \cong \mathbb{Z} \to H^2(S^2 \vee S^4;\mathbb{Z}) \cong \mathbb{Z}$ は同型写像である．よって，$H^2(S^2 \vee S^4;\mathbb{Z})$ のかってな元 a_i は，$a_i = f^*(\hat{a}_i)$, $\hat{a}_i \in H^2(S^2;\mathbb{Z})$ と書かれる．$\hat{a}_1 \cup \hat{a}_2 \in H^4(S^2;\mathbb{Z}) = 0$ より，$a_1 \cup a_2 = f^*(\hat{a}_1) \cup f^*(\hat{a}_2) = f^*(\hat{a}_1 \cup \hat{a}_2) = 0$.

7.5　$H_0(P^2(\mathbb{R});\mathbb{Z}_2) \cong \mathbb{Z}_2$, $H_1(P^2(\mathbb{R});\mathbb{Z}_2) \cong \mathbb{Z}_2$, $H_2(P^2(\mathbb{R});\mathbb{Z}_2) \cong \mathbb{Z}_2$.

7.6　$H^0(P^2(\mathbb{R});\mathbb{Z}_2) \cong \mathbb{Z}_2$, $H^1(P^2(\mathbb{R});\mathbb{Z}_2) \cong \mathbb{Z}_2$, $H^2(P^2(\mathbb{R});\mathbb{Z}_2) \cong \mathbb{Z}_2$.

第8章

8.1　自然な射影 $\pi: I \times S^1 \to I$ は，そのまま，Klein のつぼから S^1 への射影となり，局所自明性より，底空間 S^1，ファイバー S^1 のファイバー束を定める．

8.2　実 Grassmann 多様体 $G^{\mathbb{R}}(2,1)$ は，傾きとなる実数全体 $\mathbb{R}$ に，無限大 ∞ を加えて，S^1 となった．同様に，傾きとなる複素数全体 $\mathbb{C}$ に無限大 ∞ を加えて，S^2 となる．

第9章

9.1　スペクトル系列はつぶれる．
　　　$H_0(E;\mathbb{Z}) \cong \mathbb{Z}$, $H_2(E;\mathbb{Z}) \cong \mathbb{Z} \oplus \mathbb{Z}$, $H_4(E;\mathbb{Z}) \cong \mathbb{Z}$, その他は 0.
E は，$S^2 \times S^2$ と位相同型とは限らないことが知られている．

9.2　§9.3 の議論と同様．

9.3　§9.3 と同様にして，完全系列

$$\cdots \longrightarrow H^{p+j}(E;\mathbb{R}) \longrightarrow E_2^{p,j} \xrightarrow{d_{j+1}} E_2^{p+j+1,0} \xrightarrow{\pi^*} H^{p+j+1}(E;\mathbb{R}) \longrightarrow \cdots$$

を示す．$\Omega \equiv d_{n+1}(1)$, $1 \in H^0(B;\mathbb{R}) \cong \mathbb{R}$ とおくと，§9.5 の議論と同様に，$\Psi(u) = (-1)^p d_{j+1}(u)$ が示され，題意の完全系列を，符号をずらすことにより得ることができる．

欧文索引

attaching map　12
attaching space　12
barycentric subdivision　107
base space　74
Betti number　106
bidegree　90
bigraded　89
boundaries　45
boundary homomorphism　34
boundary operator　45
bundle homotopic　82
canonical vector bundle　81
cell　13
cell complex　13
chain complex　45
chains　52
characteristic class　84
characteristic map　15
Chern class　103
classifying space　83
closed cell　13
closed surface　13
coboundaries　61
coboundary homomorphism　60
coboundary operator　61
cochain complex　61
cochains　60
cocycles　61
cohomology group　59
collapse　93
cone　36
convergence　89

cross product　68
cup product　69
cycles　45
derived couple　88
diagonal map　69
differential　90
dimension　48
Euler number　105
Euler space　107
Euler-Poincaré characteristic　105
exact couple　87
exact sequence　33
extension　67
face　48
fiber　74
fiber map　76
first quadrant bigraded　89
free Abelian group　52
fundamental group　22
generalized homology　35
genus　13
Grassmann manifold　80
Gysin exact sequence　104
Hom　66
homeomorphic　2
homeomorphism　2
homology group　31
homotopic　3
homotopy equivalent　4
homotopy group　25
homotopy invariance　36
homotopy set　4

homotopy type   4
Hopf map   75
incidence number   47
index theorem   106
induced bundle   76
Klein's bottle   85
link complex   106
local triviality   78
local trivialization   75
Mayer-Vietoris exact sequence   42
Möbius band   11
$(n-1)$-dimensional sphere   9
n-dimensional disk   9
orientation   51
oriented   51
pair of cell complexes   16
product space   10
projection   74
quotient space   10
rank   105
real projective plane   11
real projective space   11
reduced homology group   38
regular   48
rotation number   21
simplex   48

simplicial complex   49
simplicial decomposition   54
simplicial homology group   54
simply connected   23
skeleton   15
spectral sequence   89
splitting method   103
Stiefel-Whitney class   108
sum   11
tangent sphere bundle   75
tensor product   65
topological pair   5
topological space with a base point   20
torsion product   66
torus   10
total space   74
triangulation   54
triple   41
trivial bundle   75
trivial vector bundle   78
universal coefficient theorem   70
vector bundle   78
vector bundle isomorphism   79
vector bundle map   79
vertex   49

和文索引

Atiyah–Singer の指数定理   106
Betti 数   106
Chern 類   103
Euler 空間   107
Euler 数   105
Euler–Poincaré 標数   105

Grassmann 多様体   80
Gysin の完全系列   104
Hopf の写像   75
Klein のつぼ   85
Künneth の公式   69
Mayer–Vietoris 完全系列   42

和文索引 ——— 119

Pontrjagin 類　104
Serre のコホモロジースペクトル系列　97
Serre のホモロジースペクトル系列　91
Stiefel–Whitney 類　104

ア 行

位相空間対　5
位相同型　2
位相同型写像　2
一般ホモロジー　35
浮き袋　13

カ 行

階数　105
回転数　21
拡大　67
カップ積　69
からみ複体　106
完全カップル　87
完全系列　33
完全公理　34, 60
簡約ホモロジー群　38
基点　20
基点をもった位相空間　20
基本群　22
球体　9
球面　9
境界作用素　45
境界準同型　34
境界輪体群　45
局所自明写像　75
局所自明性　78
クロス積　68
結合係数　47

コチェイン複体　61
コホモロジー群　59, 61
コーン　36

サ 行

鎖群　52
3 角形分割　54
3 対　41
次元　48, 49
次元公理　35, 60
実射影空間　11
実射影平面　11
射影　74
自由可換群　52
重心細分　107
収束　89
種数　13
準同型全体のなす可換群　66
商空間　10, 36
スプリット法　103
スペクトル系列　89
正則なセル　48
積空間　10
接球束　75
切除公理　34, 60
接着空間　12
接着写像　12
切片　15
セル　13
セル複体　13
セル複体対　16
全空間　74
束ホモトピック　82

タ 行

第 1 象限複階数付　89

対角線写像　*69*
単体　*48*
単体的複体　*49*
単体的複体 S の $\mathbb{Z}$ 係数ホモロジー群　*53*
単体的ホモロジー群　*54*
単体分割　*54*
単連結　*23*
チェイン複体　*45*
頂点　*49*
つぶれる　*93*
底空間　*74*
テンソル積　*65*
同相写像　*2*
導来カップル　*88*
特性写像　*15*
特性類　*84*
トーラス　*10*
トリビアル束　*75*
トリビアルベクトル束　*78*

ナ 行
ねじれ積　*66*

ハ 行
微分　*90*
標準ベクトル束　*81*
ファイバー　*74*
ファイバー写像　*76*
ファイバー束　*74*
ファイバー束同型　*77*
ファイバー束のスペクトル系列　*92*
複階数付　*89*
複次数　*90*
ふちつきセル　*13*
普遍係数定理　*70*

分類空間　*83*
閉曲面　*13*
閉セル　*13*
ベクトル束　*78*
ベクトル束写像　*79*
ベクトル束同型　*79*
ホモトピー型　*4*
ホモトピー群　*25*
ホモトピー集合　*4*
ホモトピック　*3*
ホモトピー同値　*4*
ホモトピー不変性　*27, 36*
ホモロジー Stiefel–Whitney 類　*108*
ホモロジー群　*31*

マ 行
向き　*51*
向きづけられている　*51*
Möbius の帯　*11*
面　*48*

ヤ 行
誘導束　*76*
余境界作用素　*61*
余境界準同型　*60*
余境界輪体群　*61*
余鎖群　*60*
余輪体群　*61*

ラ 行
輪体群　*45*
連結準同型　*34*

ワ 行
和空間　*11*

■岩波オンデマンドブックス■

位相幾何

```
           2006 年 2 月 21 日   第 1 刷発行
           2008 年 11 月 5 日   第 2 刷発行
           2019 年 3 月 12 日   オンデマンド版発行
```

著 者　佐藤　肇（さとう　はじめ）

発行者　岡本　厚

発行所　株式会社　岩波書店
　　　　〒101-8002　東京都千代田区一ツ橋 2-5-5
　　　　電話案内　03-5210-4000
　　　　http://www.iwanami.co.jp/

印刷／製本・法令印刷

© Hajime Sato 2019
ISBN 978-4-00-730861-1　　Printed in Japan